IFA W 50 / L 60

Die DDR-Frontlenker-Legende

Frank Rönicke

Motor buch Verlag

Impressum

Einbandgestaltung: Luis dos Santos

ISBN: 978-3-613-04321-3

1. Auflage 2020

Sie finden uns im Internet unter www.motorbuch-verlag.de

Lektorat: Joachim Kuch
Innengestaltung: ERWE-Werbung Ralf Weinreich
Druck und Bindung: DZS GRAFIK d.o.o, 1210 Ljubljana, Slovenia
Printed in Slovenia

Inhalt

Vorwort 5

Einführung 6

Zwickau – Wiege des DDR-Nutzfahrzeugbaus 12

Von Zwickau nach Werdau 22

Die Entwicklung des W 50 30

Der Standort Ludwigsfelde 38

Die Produktion läuft an 44

Varianten und Modellpflege 1969 bis 1974 58

Der W 50 von 1975 bis 1990 74

Der Ikarus 211 96

Die Kehrmaschine KM 2301 102

W 50-Nachfolger gesucht 106

Der »neue« L 60 112

Technische Daten und Produktionszahlen 130

Gnadenbrot für altes Eisen 136

(Foto: Ralf Weinreich)

Vorwort

Horch in Zwickau gehörte neben Wanderer, Audi und DKW zu den vier sächsischen Marken, die ab 1932 im Auto Union-Konzern aufgegangen waren. Diese Werke mit ihren vielen Zweig- und Zulieferbetrieben im westsächsischen Raum bildeten nach dem Krieg den Kern des späteren DDR-Kraftfahrzeugbaus und wurden zunächst am 1. Juli 1946 Hauptbestandteil der neu gebildeten »Industrieverwaltung 19. Fahrzeugbau« (intern »IFA«) des Landes Sachsen. Diese ging wiederum in der am 1. Juli 1948 gegründeten »Vereinigung Volkseigener Betriebe IFA« (VVB IFA) auf, der nun alle Fahrzeughersteller in der sowjetischen Besatzungszone, soweit sie nicht Bestandteil der sowjetischen Aktiengesellschaft »Awtowelo« waren, angehörten.

1949 präsentierte Horch auf der Leipziger Frühjahrsmesse mit dem H 3A den ersten in der Sowjetzone entwickelten LKW, dem bald der S 4000 und schließlich der S 4000-1 folgten. Seit 1952 gehörte auch der VEB Kraftfahrzeugwerk »Ernst Grube« in Werdau zu den LKW-Bauern und dem IFA-Industrieverband. Werdau wurde zunächst die verlängerte Werkbank der Horchwerker und setzte deren Konstruktionen weiterer LKW in die Serienfertigung um.

1956 legten Regierungsvertreter des Ostblocks in Ostberlin unter anderem fest, dass man sich in der DDR künftig auf den Bau von LKW bis maximal 5 t Nutzlast zu beschränken habe. Während andere »Bruderländer« die RGW-Vereinbarungen immer wieder unterliefen, hielt sich die DDR in den folgenden Jahrzehnten strikt daran.

Die Leistungsfähigkeit der Betriebe konnte Anfang der 1960er Jahre immer weniger den Bedarf an Nutzfahrzeugen, auch und vor allem an Lastkraftwagen vom Typ S 4000-1, im Inland abdecken. Zudem war dieser LKW-Typ inzwischen in die Jahre gekommen und eine neue Lastwagen-Generation musste dringend her. Die stand mit dem W 45/W 50 in Werdau auch in Entwicklung – wurde dann aber in einem ganz neuen Werk in Ludwigsfelde gefertigt. Dazu ordnete man den »VEB Industriewerke Ludwigsfelde« ab 1. Januar 1963 der VVB Automobilbau zu und stellte die unter anderem dort laufende Rollerproduktion bald ein.

Noch vor dem Beginn der W 50-Fertigung gab es etwa 146.000 LKW in der DDR. Der Grad der Überalterung konnte dabei (auch mit dem W 50) nie zurückgefahren werden, was eine ungeheure Kapazitätsbindung durch die intensive Ersatzteilproduktion nach sich zog. Zwei Neuaufbauten ein und desselben LKW während dessen langem Leben waren durchaus Standard.

Ludwigsfelde wurde stetig ausgebaut und avancierte im Zuge mehrerer Kombinatsbildungen- und Umbildungen ab 1978 sogar zum Hauptsitz des VEB IFA-Kombinat Nutzkraftwagen. Geholfen hat das alles freilich nichts – im Gegenteil! Fertige Neukonstruktionen durften nicht umgesetzt werden und die LPG Rote Rübe in Kyritz an der Knatter gönnte ihrem 25 Jahre alten S 4000 eine dritte (oder vierte?) Generalüberholung, weil sie mit der Zuteilung eines neuen W 50 immer noch nicht dran war.

Derweil in jungen afrikanischen Nationalstaaten die geschenkten Laster aus dem Abendland in Wüsten und Sümpfen versanken und die Idee vom Sozialismus meist gleich mit sich nahmen. Die Farce endete kurz bevor die DDR ihr Ende fand: Für die Nachfolger der alten LKW und Lieferwagen reichte es zwar mit Ach und Krach zu neuen Trieb- und Fahrwerken – neue Fahrerhäuser und Karosserien konnte sich die DDR aber nicht mehr leisten.

Frank Rönicke

Einführung

»Deutschland innerhalb der Grenzen, wie sie am 31. Dezember 1937 bestanden, wird zum Zwecke der Besatzung in vier Zonen eingeteilt, deren je eine der vier Mächte zugewiesen wird ...«, lautete es im Protokoll der Londoner Konferenz vom 12. September 1944, die schließlich in das Viermächte-Abkommen mündete. Und für den sowjetischen Staats- und Militärchef Josef Stalin war klar: »Dieser Krieg ist nicht wie in der Vergangenheit; wer immer ein Gebiet besetzt, erlegt ihm auch sein eigenes System auf. Jeder führt sein eigenes System ein, so weit seine Armee vordringen kann ...«. Dies umzusetzen begann man unmittelbar nach Kriegsende mit der Gründung der »Sowjetischen Militäradministration in Deutschland« (SMAD), die unter anderem mit der Ausgabe von Befehlen fortan jegliches Leben in der sowjetischen Besatzungszone regelte. So auch in den meisten größeren Betrieben der »Ostzone«, die ab Juni/Juli 1945 unter sowjetischer Verwaltung standen.

Dazu zählten die wenigen Last- und Lieferwagen-Hersteller, unter anderem auch Horch, bis in die 1920er Jahre hinein traditioneller Hersteller von Lastwagen und Kraftomnibussen. Was von den Werken nach teilweise massiven Bombardierungen durch die westlichen Alliierten noch übrig blieb, ließen eben diese neuen Machthaber bis auf die nackten Wände demontieren und in die Sowjetunion schaffen. Reparationsgut nannte sich das, was die Bevölkerung auch in den Folgejahren viele zusätzliche Entbehrungen kostete. Dazu wurden alle Nutzfahrzeug-Hersteller, als bedeutende Rüstungsbetriebe der Nazis eingestuft, unverzüglich enteignet. Die außerdem geplante Sprengung aller Gebäude dieser Betriebe konnte glücklicherweise durch mutiges Einschreiten der Belegschaften größtenteils abgewendet werden.

Viel Substanz war also nicht geblieben vom traditionell im Nutzfahrzeugbau sowieso nicht so stark vertretenen Osten. Angesichts der noch rauchenden Trümmer des Krieges hatte man sich, zumindest in den Werken selbst, zunächst eher um die kleinen Probleme des Alltags, denn um hohe Politik zu kümmern.

Sowjets und ostdeutsche Behörden gaben einen der bis dato kreativsten deutschen Nutzfahrzeug-Hersteller – Vomag in Plauen – auf. »Warum werden in Plauen keine 6-t-LKW und Groß-

Vomag in Plauen hätte nach dem Zweiten Weltkrieg eine gute Grundlage für den Lkw-Bau in der DDR bieten können – aber die Sowjets sagten nein. (Foto: Matthias Neidhardt)

raum-Omnibusse gebaut?«, lautete noch im Dezember 1954 eine Anfrage der Zeitschrift Kraftfahrzeugtechnik an die Kammer der Technik der DDR. Eine offizielle Antwort gab es nie. Alles, was von der ehemaligen Vogtländischen Maschinenfabrik AG blieb, waren neue Dieselmotorenentwicklungen, die samt noch anwesender Konstrukteure ins 45 Kilometer entfernte Horch-Werk nach Zwickau verlegt wurden.

Horch gehörte neben Wanderer, Audi und DKW zu den vier sächsischen Marken, die ab 1932 im Auto Union-Konzern aufgegangen waren. Diese Werke mit ihren vielen Zweig- und Zulieferbetrieben im westsächsischen Raum bildeten nach dem Krieg den Kern des späteren DDR-Kraftfahrzeugbaus. Zulieferbetriebe waren im Osten dünn gesät und verringerten sich noch durch die Flucht kompletter Firmen in den Westen. Produktionsstätten für elektrisches Zubehör, Kupplungen, Einspritzpumpen, Federn, Wellen und anderem mehr waren gar nicht vorhanden, was einen Neuanfang ebenso erschwerte wie fehlendes Fachpersonal, das scharenweise in den Westen abwanderte, sofern es den Krieg überstanden hatte und danach nicht zusammen mit den Werkseinrichtungen nach Russland abtransportiert worden war.

An den Bau von Neufahrzeugen war vorerst überhaupt nicht zu denken. Lediglich Horch in Zwickau durfte im Nutzfahrzeugsektor ab 1947 aus dem Mix übrig gebliebenen Kriegsmaterials und einer LKW-Konstruktion der Auto Union von 1942 eine bescheidene Serienproduktion neuer LKW beginnen.

Zur Leipziger Frühjahrsmesse 1949 präsentierte die IFA dann doch ein recht umfangreiches, vom Fahrrad bis zum 3-t-LKW reichendes Programm. Vieles davon war jedoch noch weit von einer Serienproduktion entfernt, wie etwa der LKW »H 3A«, der erst mehr als ein Jahr später in bescheidenen Stückzahlen bei Horch vom Band zu rollen begann. Dass es fünf Jahre nach Kriegsende überhaupt möglich war, im Osten wieder Kraftfahrzeuge zu bauen, kann heute eigentlich nur verwundern. Die Opfer und Pioniertaten, die Dagebliebene erbrachten, um aus leergefegten Hallen so kurzfristig wieder neue Kraftfahrzeuge rollen zu lassen, können im Nachhinein nicht genug gewürdigt werden.

Die ständige Behördenwillkür im Nacken, eine kaum vorhandene oder schlecht funktionierende Zubehörindustrie und nur sehr spärlich fließende finanzielle Mittel (kein Marshall-Plan ließ US-Dollars regnen und die Sowjets holten nur raus, so viel es ging, ohne einen Rubel rollen zu lassen) verlangten allen Fahrzeugbauern ständig das Äußerste ab. Die nahmen das meist willig in Kauf, waren in Aufbruchsstimmung, auf die Zukunft hoffend. Die Hoffnung trog, und 20 Jahre später hatte sich der Pioniergeist im Honeckerschen Sozialismus, dessen Volkswirtschaft aberwitzige Blüten trieb, aufgebraucht.

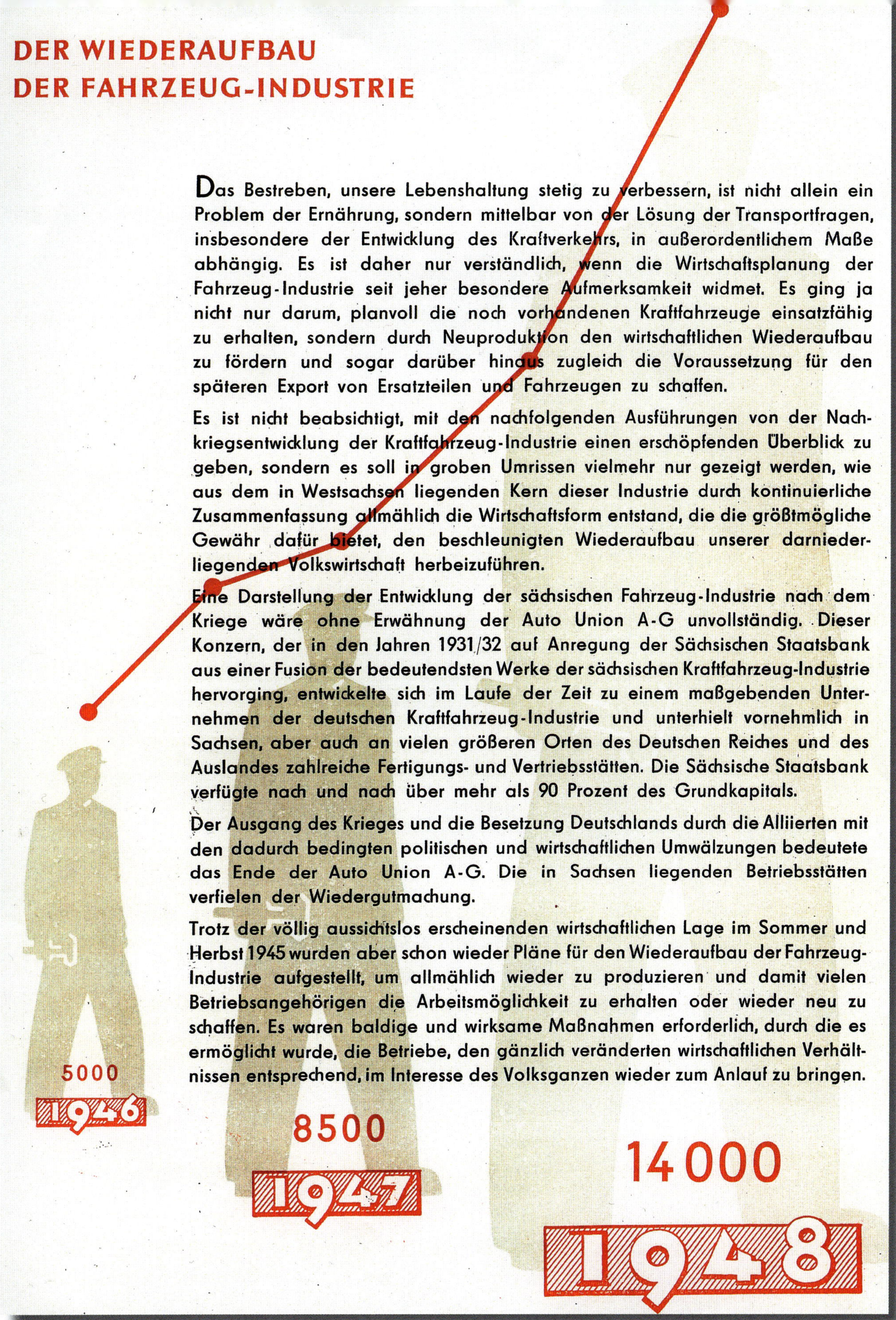

DER WIEDERAUFBAU DER FAHRZEUG-INDUSTRIE

Das Bestreben, unsere Lebenshaltung stetig zu verbessern, ist nicht allein ein Problem der Ernährung, sondern mittelbar von der Lösung der Transportfragen, insbesondere der Entwicklung des Kraftverkehrs, in außerordentlichem Maße abhängig. Es ist daher nur verständlich, wenn die Wirtschaftsplanung der Fahrzeug-Industrie seit jeher besondere Aufmerksamkeit widmet. Es ging ja nicht nur darum, planvoll die noch vorhandenen Kraftfahrzeuge einsatzfähig zu erhalten, sondern durch Neuproduktion den wirtschaftlichen Wiederaufbau zu fördern und sogar darüber hinaus zugleich die Voraussetzung für den späteren Export von Ersatzteilen und Fahrzeugen zu schaffen.

Es ist nicht beabsichtigt, mit den nachfolgenden Ausführungen von der Nachkriegsentwicklung der Kraftfahrzeug-Industrie einen erschöpfenden Überblick zu geben, sondern es soll in groben Umrissen vielmehr nur gezeigt werden, wie aus dem in Westsachsen liegenden Kern dieser Industrie durch kontinuierliche Zusammenfassung allmählich die Wirtschaftsform entstand, die die größtmögliche Gewähr dafür bietet, den beschleunigten Wiederaufbau unserer darniederliegenden Volkswirtschaft herbeizuführen.

Eine Darstellung der Entwicklung der sächsischen Fahrzeug-Industrie nach dem Kriege wäre ohne Erwähnung der Auto Union A-G unvollständig. Dieser Konzern, der in den Jahren 1931/32 auf Anregung der Sächsischen Staatsbank aus einer Fusion der bedeutendsten Werke der sächsischen Kraftfahrzeug-Industrie hervorging, entwickelte sich im Laufe der Zeit zu einem maßgebenden Unternehmen der deutschen Kraftfahrzeug-Industrie und unterhielt vornehmlich in Sachsen, aber auch an vielen größeren Orten des Deutschen Reiches und des Auslandes zahlreiche Fertigungs- und Vertriebsstätten. Die Sächsische Staatsbank verfügte nach und nach über mehr als 90 Prozent des Grundkapitals.

Der Ausgang des Krieges und die Besetzung Deutschlands durch die Alliierten mit den dadurch bedingten politischen und wirtschaftlichen Umwälzungen bedeutete das Ende der Auto Union A-G. Die in Sachsen liegenden Betriebsstätten verfielen der Wiedergutmachung.

Trotz der völlig aussichtslos erscheinenden wirtschaftlichen Lage im Sommer und Herbst 1945 wurden aber schon wieder Pläne für den Wiederaufbau der Fahrzeug-Industrie aufgestellt, um allmählich wieder zu produzieren und damit vielen Betriebsangehörigen die Arbeitsmöglichkeit zu erhalten oder wieder neu zu schaffen. Es waren baldige und wirksame Maßnahmen erforderlich, durch die es ermöglicht wurde, die Betriebe, den gänzlich veränderten wirtschaftlichen Verhältnissen entsprechend, im Interesse des Volksganzen wieder zum Anlauf zu bringen.

In der Sowjetischen Besatzungszone waren die Bedingungen für eine Wiederaufnahme des Fahrzeugbaus ungleich schwerer als in den westlichen Zonen.

DER NEUE 3-t-HORCH-DIESEL-LASTKRAFTWAGEN TYP H 3 A

In den 5 Jahrzehnten, auf die das Werk in diesem Jahr seit seiner Gründung zurückblicken kann, ist die Marke Horch zu einem Begriff technischer Höchstleistung im Automobilbau geworden. Als eine der ersten Automobilfabriken kann das Werk Horch mit Stolz behaupten, an der Entwicklung des Kraftfahrzeugbaues von den mehr als bescheidenen Anfängen bis zum heutigen Stand maßgeblich beteiligt zu sein. Diesen Aufstieg verdankt es trotz Krisen und Notzeiten nicht zuletzt seinem beharrlichen Festhalten an der geradezu sprichwörtlich gewordenen Horch-Qualitätsarbeit. Bereits im Jahre 1926 baute das Werk Horch den ersten serienmäßigen Achtzylinder Europas. Etwa 10 Jahre später war es schon der 25000., und insgesamt wurde die Zahl 40000 weit überschritten.

1946 wurden neben dem Wiederaufbau in erster Linie Kraftfahrzeug-Reparaturen ausgeführt. Als eines der größten Zweigwerke des damaligen Sächsischen Aufbau-Werkes GmbH., mit einer Belegschaftsziffer von durchschnittlich 1500, wurde außerdem zunächst der Bau von Gespannwagen, aus vorhandenem Abfallmaterial hergestellt, aufgenommen, darüber hinaus Haushaltgeräte und sonstige Bedarfsgegenstände als Füllprogramm gefertigt. Ebenso wurden in dieser Zeit Konstruktionsunterlagen für den geplanten Bau eines Lastkraftwagens erstellt, der mit seinem Anlauf die Belegschaftsziffer auf über 2000 steigen ließ.

Schon während dieser Zeit wurden zur Behebung des Mangels an Transportmitteln in der sowjetischen Besatzungszone, aber auch für Exportzwecke, Vorarbeiten für die Konstruktion des nunmehr vorliegenden 3-t-Diesel-Lastkraftwagens Typ H 3 A geleistet.

Dieses Fahrzeug gestattet äußerst vielseitigen Einsatz, es ist sowohl für Fernverkehr, als auch für kurze Transportfahrten und Zubringerdienst geeignet.

Der Auszug aus dem Messeprospekt der IFA vom Frühjahr 1949 schildert den Werdegang der Horch-Werke bis zur Präsentation des H 3A.

Die während des Zweiten Weltkrieges bei den Wanderer-Werken entstandene Entwicklung eines 1,5-t-Lkw war später in der Sowjetzone die Basis für den Nutzfahrzeugbau.

Bis zur Präsentation der verschiedenen W 50-Varianten auf dem Freigelände der Leipziger Messe 1972 war es ein weiter Weg.

Zwickau – Wiege des DDR-Nutzfahrzeugbaus

(Foto: Ralf Weinreich)

1912 war der Zwickauer Automobilhersteller Horch in den Bau echter Lastkraftwagen eingestiegen und behielt diese Sparte bis 1928 bei. Danach standen vorerst nur noch Pkw im Luxussegment auf dem Programm.

Ende 1943 musste bei Horch in Zwickau die Produktion eigener Fahrzeuge kriegsbedingt eingestellt werden. Mittlere Schützenpanzerwagen und Halbkettenfahrzeuge, angetrieben von einem 100 PS leistenden Maybach-Otto-Motor, Typ HL 42 – ab 1942 fertigten Horch und Audi in Lizenz circa 1500 Exemplare dieses Motors –, standen nun für den »Endsieg« auf dem Programm und bildeten die Grundlage für den LKW-Bau in der sowjetischen Besatzungszone nach dem Krieg.

1941 hatte der Auto Union-Vorstand den Wanderer-Werken den Auftrag zu Konstruktion und Musterbau eines 1,5 t-LKW erteilt. Schon Anfang 1942 stellte die Chemnitzer Firma einen ersten Prototyp mit der Bezeichnung »Auto Union 1500« (die 1500 stand für die Nutzlast in kg) der Öffentlichkeit vor und erntete viel Lob von der Fachpresse. Der in modernster Frontlenker-Bauweise – mit tief im Fahrgestell unter dem Fahrersitz eingelassenem Sechszylinder-Motor des Wanderer W 23 – ausgeführte LKW bot alle Vorteile eines kurzen Radstandes, wie z. B. gute Lastenverteilung und kleinem Wendekreis. Obwohl mit modernen Details konstruiert, fand das Fahrzeug im zuständigen Reichsministerium keine Fürsprecher.

Umso dankbarer nahm man die Kriegsentwicklung der Auto Union wenige Jahre später in der sowjetischen Besatzungszone mit Hilfe noch verbliebener Wanderer-Fachleute in den ehemaligen Horch-Werken wieder auf. Doch diese mussten zunächst die zwei schwärzesten Jahre ihrer bis dato 40-jährigen Geschichte überstehen. Von alliierten Luftangriffen nicht übermäßig zerstört, begann nach der Machtübernahme in Zwickau durch die Sowjets am 1. Juli 1945 unverzüglich die Demontage des Werkes. Von August 1945 bis März 1946 verließen fast 4000 Werkzeugmaschinen die Werke der Auto Union gen Russland.

Der einzig noch erhalten gebliebene Horch-LKW, ein sogenannter Subventions-Lastwagen, befindet sich im August Horch Museum in Zwickau.

Der 1942 von der Auto Union vorgestellte LKW AU 1500 bildete die konstruktive Basis für den ersten Zwickauer Lastkraftwagen nach dem Zweiten Weltkrieg.

Der H 3

Im Februar 1947 kam von der SMAD-Zentrale aus Berlin-Karlshorst der Auftrag zum Bau von zunächst maximal 300 LKW mit einer Nutzlast von 3 t, die ausschließlich für sowjetische Behörden in Deutschland bestimmt waren. Allerdings war man auch 1947 noch längst nicht in der Lage, alle notwendigen Teile zum Bau eines LKW fertigen oder von ostdeutschen Zulieferern beziehen zu können.

Die Horchwerker förderten eine nicht unbeträchtliche Zahl der bereits erwähnten Maybach-Panzermotoren vom Typ HL 42 samt einigen Getrieben und Achsen zu Tage. Der Gedanke kam auf, diese Teile in den fertig konstruierten, vergrößerten Auto Union LKW 1500 zu implantieren. Die Techniker gingen ans Werk. Der neue Horch LKW sah der alten Wanderer-Konstruktion zwar noch sehr ähnlich, war aber insgesamt größer geworden.

Der Motor werkelte laut und ungemütlich unter der Sitzbank – einen Motortunnel, wie bei späteren Frontlenker-Typen, gab es nicht. Die äußere Kühlerverkleidung war den letzten Horch-PKW nachempfunden und zeigte stolz das gekrönte »H« in seiner Spitze. Zusammen mit der 3 für die Nutzlast ergab sich die einfache Bezeichnung »H 3« für den ersten Nachkriegs-LKW auf dem Gebiet der späteren DDR.

Noch im selben Jahr, 1947, stellte Horch unter abenteuerlichsten Bedingungen weitere 191 Fahrzeuge auf die Räder. Nach dem Verarbeiten aller vorhandenen Antriebs- und Getriebeteile musste auf eigene Entwicklungen, die nur langsam in eine Fertigung überführt werden konnten, zurückgegriffen werden. Gingen im ersten Jahr noch alle Pritschen-LKW an sowjetische Dienststellen, durften 1948 auch einige Fahrzeuge an die ostdeutsche Landwirtschaft ausgeliefert werden.

Im Jahr darauf – alle noch vorhandenen Wehrmachtsmotoren waren verwertet – lief nach 852 produzierten Lastkraftwagen die Fertigung des H 3 aus.

Der Schützenpanzer-Motor Maybach HL 42 war das erste Antriebsaggregat eines ostdeutschen LKW nach dem Zweiten Weltkrieg.

Der Horch H 3 konnte seine Herkunft nicht verleugnen, wies aber gravierende konstruktive Unterschiede zum AU 1500 auf.

Den H 3 gab es nur als Pritschenfahrzeug, in der Mangelwirtschaft der DDR wurde dieser Feuerwehraufbau nachträglich angefertigt.

Ein ganz früher H 3A mit schwarz lackiertem Rahmen auf dem Kühler. Auch vom H 3-Nachfolger gab es vorerst nur eine Pritschen-Version.

Der H 3A

Der Entwicklungsbeginn für den H 3-Nachfolger wird heute offiziell mit März 1948 angegeben. Bereits ein Jahr später erschien das fertige Fahrzeug im großen IFA-Gesamtprospekt anlässlich der Leipziger Frühjahrsmesse 1949. Im Oktober 1950 war es dann soweit; der zunächst nur in »Standardbauweise« (offene Pritsche) gebaute H 3A konnte endlich in Serie gehen und rollte bis zum Jahresende noch in 150 Einheiten vom Band (Preis: DM 22.000). Von der moderneren Frontlenkerbauweise waren die Konstrukteure zu Gunsten einer einfacheren Bauweise, die eine schnellere Produktionsumsetzung versprach, wieder abgerückt und zum klassischen Hauben-LKW zurückgekehrt. Insgesamt war der H 3A technisch ein gelungener Wurf; seine Konstrukteure hatten aber auch viel Wert auf Robustheit und Servicefreundlichkeit gelegt.

Der eine halbe Tonne wiegende Vierzylinder-Viertakt-Dieselmotor, der nach dem Wirbelkammerprinzip arbeitete, holte aus 6 l Hubraum bei 2000 Umdrehungen 80 PS. Der Motor mit der Bezeichnung EM 4 entstammte einer Baukasten-Reihe, zu denen noch die Motoren EM 2 und EM 6, allesamt

Der Grundstein zu dem Vierzylinder-Dieselmotor des H 3A mit der Bezeichnung EM 4 war noch bei Vomag in Plauen gelegt worden.

bei Horch gefertigt, gehörten. Die Basis-Entwicklung dieser Motorenreihe stammte allerdings noch von Vomag in Plauen.

80 km/h gab der Hersteller als Höchstgeschwindigkeit an, dafür musste die Kolbenpumpe 22 Liter Diesel auf 100 Kilometer aus dem 80-Liter-Tank fördern.

Im Fahrerhaus hatten drei Personen bequem Platz, wobei die leicht gepolsterte Holzpritsche mit Bequemlichkeit geizte.

Der neue H 3A wurde zunächst ausschließlich als Standard-Modell mit Pritsche und bald darauf auch mit geschlossener Plane gebaut. Aber seine Schöpfer hatten den Horch-LKW auf Vielseitigkeit ausgelegt, was die insgesamt 26 Varianten, die bis 1958 in den Verkaufsprogrammen erschienen, belegten.

43,5 % aller 1953 produzierten H 3A gingen in den Export. Hauptausfuhrländer waren Finnland, Bulgarien, die Türkei und China. 1954 stieg der Exportanteil auf die Rekordmarke von 66%! Das freute die exportabhängige DDR-Wirtschaft auf der einen Seite, machte es andererseits inländischen Betrieben unsäglich schwer, an einen so dringend benötigten LKW zu kommen.

Ab 1. Februar 1957 firmierte der VEB Kraftfahrzeugwerk Horch als »VEB Sachsenring Kraftfahrzeug- und Motorenwerk«. Der Name Horch verschwand ebenso endgültig wie das Markensymbol »H«, das durch ein »S« in einem Kreis ersetzt wurde. Diese Namensänderung geschah weniger auf Drängen der Auto-Union GmbH in Ingolstadt, die Inhaber von Markennamen- und Symbol war, als vielmehr auf Druck der Politik in der DDR, die die strikte Abkehr von jeglichen kapitalistischen Überbleibseln zu demonstrieren suchte. Die Horch-Werker sahen nicht zuletzt im Wechsel ihres Marken-Signets den Grund für rückläufige Absatzzahlen im Ausland.

Ab dem Modelljahr 1954 konnte die Nutzlast des H 3A auf 3,5 t gesteigert werden.

Als H 3B gab es sogar eine Omnibusversion, hier in der letzten Version von 1957 mit gekröpftem Tiefrahmen.

Im Juni 1958 berichtete die Zeitschrift Kraftfahrzeugtechnik erstmals vom neuen S 4000 aus Zwickau.

S 4000 und S 4000-1

Ohne großes Aufsehen tauchte der H 3A mit nun 4 t Nutzlast 1958 als S 4000 in den Fachzeitschriften auf. Das hatte seinen Grund unter anderem darin, dass sich außer dem um 300 mm verlängerten Radstand und der höheren Zuladung wenig am neuen LKW verändert hatte.

1958 wartete die automobilbegeisterte Bevölkerung der DDR außerdem auf ihren Kleinwagen, der immer wieder angekündigt, erst ab Herbst 1958 in Serie ging. Und für diese Serienproduktion musste das ehemalige Horch-Werk seine bis dato über fünf Jahrzehnte währende Eigenständigkeit aufgeben.

Dabei war das Zusammenlegen der beiden traditionsreichen Zwickauer Firmen Audi und Horch zwecks gemeinsamer Trabant-Produktion erst ab November 1957 ins Auge gefasst worden und wurde schließlich unter gefährlichen Unmutsbekundungen beider Belegschaften – vor allem auch beider Führungsetagen – zum 1. Mai 1958 vollzogen.

Durch stark rückläufige Exportzahlen waren im Sachsenring-Werk 1957 1/3 weniger LKW gebaut worden, wie im Jahr zuvor und 1958 waren es im Vergleich zu 1956 gar nur noch 50 %.

Zurück zum neuen S 4000. Äußerlich fast nicht zu unterscheiden, bestach der Mittelklasse-LKW durch neue, innere Werte. Bei der Überarbeitung der Fahrerkabine wurde auf mehr Bequemlichkeit und weniger eindringendes Motorengeräusch geachtet. Dem verlängerten Radstand entsprechend hatte der S 4000 eine vergrößerte Ladefläche. Das waren dann aber auch schon alle Veränderungen gegenüber dem H 3A ab dem Frühjahr 1958. Da kündigte die Presse wohl auch schon einen überarbeiteten Motor mit 90 PS an, dessen Serienfertigung aber mit dem Start des S 4000 noch nicht begonnen werden konnte. Die schaffte Sachsenring erst zum Jahresende 1958.

EM 4-22/90 hieß der verbesserte Motor. Nun sorgte ein erhöhtes Drehmoment (34,1 mkg bei 1250 U/min) für eine bessere Beschleunigung und mehr Zugkraft am Berg. Dennoch genehmigte sich der Motor rund 4 l weniger (16 l) pro 100 km als zuvor. Ein Synchrongetriebe erleichterte dem Fahrer ebenso die Arbeit, wie eine durch Drehmomentabstützung verstärkte Lenkung. Neu war auch ein Druckluftbremsanschluss, der die zugelassenen 4,5 t Gesamtanhängelast (bei Standardausführung) sicher abbremste.

Mit diesen Verbesserungen änderte sich die Typenbezeichnung des Sachsenring-Lasters in S 4000-1. 1958 liefen H 3A und S 4000 noch eine Zeit lang gemeinsam vom Band, vor allem deshalb, weil die Vielzahl der Sonderaufbauten des H 3A nicht sofort auf das längere Fahrgestell übertragen werden konnte.

Das Fahrzeugprogramm des Sachsenring-Werkes im Jahre 1958. Für die Großserienproduktion des Trabant musste da dringend aussortiert werden.

Wenngleich sich der S 4000 wenig vom Vorgänger H 3A unterschied, war er doch ein Meilenstein im DDR-Nutzfahrzeugbau.

Wie dieser S 4000-1 Mannschaftswagen sind natürlich alle DDR-LKW auch militärisch genutzt worden. (Foto: LutzBruno)

Im VEB Feuerlöschgerätewerk Luckenwalde wurde im Jahr 1958 dieser Rettungsgerätewagen (RTGW) auf ein S 4000-Fahrgestell aufgebaut. Das Fahrzeug gehört heute dem Sächsischen Feuerwehrmuseum Zeithain. (Foto: Ralf Weinreich)

Von Zwickau nach Werdau

(Foto: Ralf Weinreich)

2018 feierte im Westen Sachsens die große Kreisstadt Werdau die Begründung des industriellen Fahrzeugbaus vor 120 Jahren. Am 12. Juli 1898 hatte der Wagenbauer Hermann Schumann die »Sächsische Waggonfabrik Werdau GmbH« als 27. deutsche Firma in diesem Bereich gegründet. Dabei fertigten die bald 1000 Mitarbeiter neben allen nur denkbaren Varianten von Eisenbahnwaggons auch Trieb- und Beiwagen für Straßenbahnen. Die 1908 in eine Aktiengesellschaft umgewandelte Fabrik avancierte während des Ersten Weltkrieges natürlich zu einem wichtigen Rüstungslieferanten und fertigte hauptsächlich Waggons für Militärtransporte und Munitionswagen für Feldhaubitzen.

Am 12. Januar 1917 entstand mit der Verbindung der Bautzener, Zwickauer und Werdauer Waggonfabriken zur »Hermann Schumann Aktiengesellschaft« ein echter Branchenriese in Deutschland. Infolge dessen wuchs die Belegschaft in Werdau bis 1924 auf 1800 Beschäftigte, die am 6. Mai 1922 den 25.000. Waggon fertig stellten. Mit dem Rückgang der Aufträge ab 1925 begannen erste Versuche im Omnibusbau. Die 1927 im Auftrag der Stadt Berlin gebauten Doppelstock-Omnibusse auf Niederrahmen-Fahrgestellen und Ganzstahlkarosserien waren dabei ein Novum im Omnibusbau und der Entwicklung einen Schritt voraus.

Nach vielem hin und her firmierte der Betrieb 1943 unter »Schumann-Werke-GmbH«.

Ab dem 1. August 1945 gehörte die »Waggonfabrik Schumann-Werke Werdau« zur Sowjetischen Aktiengesellschaft (SAG) Transportmittelbau, vorerst noch unter der Leitung der ehemaligen Gesellschafter. Zum 1. März 1947 gaben die Russen das Werk an das Land Sachsen zurück und erst im April 1948 erfolgte die offizielle Enteignung und Überführung in »Volkseigentum«. Nunmehr als »LOWA Waggonbau Werdau VEB«.

Omnibus der Werdauer Schumann-Werke, 1927 auf einem Fahrgestell von Vomag in Plauen aufgebaut.

Die H 6-Hochpritsche war die meistgebaute Ausführung des in Werdau gefertigten Sechstonners mit Zwickauer Wurzeln. (Foto: Ralf Weinreich)

Der H 6

Gleichzeitig mit dem H 3A hatte im Werk Horch im März 1948 die Entwicklung des 6,5-t-LKW H 6 begonnen. Die beiden Laster glichen sich am Ende wie Zwillingsbrüder, mit dem Unterschied, dass am H 6 alles ein wenig größer war und das Fahrzeug insgesamt massiger wirkte. Das Fahrgestell, dessen Basis ein kräftiger, genieteter U-Profilrahmen bildete, hatte mit knapp sieben Tonnen Fahrzeug-Leergewicht (Ausführungen Pritsche und Kipper) auch erheblich mehr Eigenlast zu tragen als das des H 3A. Zu diesem Gewicht trug der fast 10 Liter Hubraum aufweisende 6-Zylinder-4-Takt-Dieselmotor, der bei 2000 U/min 120 PS leistete, nicht unwesentlich bei. Der Motor mit der Bezeichnung EM 6-20 entstammte der gleichen Entwicklungsbaureihe wie der H 3A-Motor. Beide waren konstruktiv schon bei VOMAG in Plauen entstanden. Nur so war es zu erklären, dass Horch später den Entwicklungsbeginn auf April 1949 datierte und zwei Jahre danach schon die Vorserie des nach dem Wirbelkammerverfahren arbeitenden Reihen-Dieselmotors montiert wurde.

Zu dieser Zeit, im März 1951, ist der H 6 in Pritschenausführung auch erstmals der Öffentlichkeit gezeigt worden. Wo der große LKW gebaut werden würde, stand jedoch noch nicht fest. Klar war, dass in Zwickau vor allem die räumlichen Gegebenheiten nicht vorhanden waren, die neben dem H 3A noch eine zweite LKW-Reihe zugelassen hätten. Bald stand Werdau als Produktionsstandort fest und die ehemalige LOWA-Belegschaft sah der kommenden LKW-Montage mit Freude und Stolz entgegen. Im

Der H 6 mit Hunger-Kippaufbau war das Rückgrat der DDR-Bauindustrie. Der tatsächliche Bedarf an entsprechenden Fahrzeugen konnte niemals, auch nur andeutungsweise gedeckt werden. (Foto: Archiv Jens Zenker)

November 1951 erhielten die Werdauer die kompletten Konstruktionsunterlagen aus Zwickau und etwa ein Jahr später begann offiziell die Serienfertigung.

Bald nach der Standard-Pritsche erschien die Zugmaschine Z 6, die als kurze Pritsche oder als Sattelzugmaschine geliefert werden konnte. Letztere Variante erlangte einige Berühmtheit, als Werdau einen eigenen Doppelstockbus auf den Sattel setzte. Der 14,8 m lange Busaufbau bot im Unterdeck 21 Sitz- und 36 Stehplätze und im oberen Stockwerk noch einmal 40 Sitz- und drei Stehplätze. Hing an dem Sattelauflieger auch noch ein Anhänger, konnten insgesamt 115 Passagiere befördert werden. Von den insgesamt rund 7000 H 6-LKW, die in Werdau gebaut wurden, blieb der Doppelstockbus ein in wenigen Exemplaren gebauter Exot.

Die Variante Z 6 als Zugmaschine mit kürzerem Radstand konnte mit kurzer Pritsche oder mit Sattel geordert werden.

Aufsehen erregend war der in wenigen Exemplaren gebaute Doppelstock-Busauflieger für die Zugmaschine Z 6.

AZ 57 nannten die Werdauer Konstrukteure diese Entwicklung eines modernen 6-t-Lkw in Fronlenkerbauweise, der nicht mehr in Serie gebaut werden durfte. (Foto: Archiv Jens Zenker)

Wer einen H 6 schätzen – und tatsächlich lieben gelernt hatte –, trennte sich nur sehr ungern von diesem zuverlässigen Arbeitstier, dessen Ersatzteilfertigung erst 1974 auslief. Irgendwann kam aber doch der Tag der Trennung, wie auch im Jahre 1959 der Tag kam, an dem der letzte H 6 die Werdauer Montagehallen verließ. In der DDR durfte es keine LKW über 5 t Nutzlast aus eigener Produktion mehr geben.

Somit hatten auch die Werdauer Nachfolgeentwicklungen keine Chance mehr und verschwanden für immer in den Schubladen, wie der 1957 fertig

Der geländegängige Dreiachser-LKW G 5 wurde in verschiedenen Varianten hauptsächlich für die Nationale Volksarmee und deren »Bruderarmeen« gebaut.

gestellte Prototyp des 7-t-Hauben-LKW N 7 oder der schon als echter H 6-Nachfolger gehandelte moderne Frontlenker-LKW AZ 57 (AZ 5).

H 6B und G 5

Der in Werdau entwickelte und gebaute Omnibus W 501 bildete die Entwicklungsgrundlage für den H 6B. H 6 bedeutete hier den 120-PS-Motor des großen LKW sowie dessen Achsen und Radaufhängungen. Weiterhin stammten die Lenkung, die Zweikreis-Druckluftbremsanlage und die in Gummi zwischengelagerte Gelenkwelle für den Hinterachsantrieb. Der H 6B wurde von 1954 bis 1960 in drei Grundvarianten gebaut: Als Land- oder Linienbus, als Stadtverkehrsbus und als Reisebus.

Auf der Technik des LKW H 6 basierend, entstanden bis 1960 rund 1000 Exemplare vom Omnibus H 6B. Die Motorleistung war 1958 auf 150 PS angehoben worden.

Ebenfalls vom H 6-Motor angetrieben, wurde der in erster Linie für militärische Zwecke im FEW (Forschungs- und Entwicklungswerk) in Chemnitz entwickelte, geländegängige G 5 ab 1953/54 in Werdau gebaut. Der bei den Soldaten der Nationalen Volkarmee äußerst beliebte G 5 starb 1964, weil der große »Bruder« den potentiellen Nachfolger G 5-3 nicht mochte und lieber den Ural 375 D als Standardfahrzeug der osteuropäischen Armeen in der Sowjetunion bauen wollte.

Hatte viel Potenzial, durfte aber nicht gebaut werden: Der potentielle G 5-Nachfolger G 5-3. (Foto: Archiv Jens Zenker)

Der S 4000-1 aus Werdau

Im Juli 1958 feierte die Werdauer Belegschaft den 60. Jahrestag der Firmengründung und die zu diesem Anlass herausgegebene Sondernummer der Betriebszeitung »das steuer« kündigte bereits die künftige Produktion des noch in Zwickau vom Band laufenden S 4000-1 an. Damit waren Ängste gebannt, die mit dem Beschluss der Sektion 7 des RGW von 1956 aufgekommen waren.

Am 13. Februar 1960 fuhr nun in Werdau der erste LKW des bewährten Baumusters aus der Montagehalle. Während die Pritschenfahrzeuge werkintern komplettiert wurden, kamen die meisten Aufbauten der über 30 Sonderfahrzeuge von verschiedenen Herstellerfirmen in der DDR. Hauptsächlich gab es den Viertonner wie zu Zwickauer Zeiten in den Ausführungen Pritsche (mit und ohne Plane), Dreiseitenkipper, Kofferfahrzeug, Müllwagen, Fäkalienwagen, Ladekran und verschiedene Ausführungen von Feuerwehrfahrzeugen. Nicht zu vergessen die kurze Zugmaschine mit Pritsche oder Sattel.

Gleich zu Beginn der Werdauer Zeit passte die Firma Hunger der S 4000-1 Sattelzugmaschine einen Ganzstahlauflieger mit zwei Achsen für 8 t Nutzlast an. Als weitere Kommunalfahrzeuge erschienen der Sprengwagen und die Kehrmaschine. Auch der seit dem H 3A bekannte Viehtransporter auf dem Tiefrahmen-Fahrgestell fehlte in Werdau nicht.

16 Länder hatte das Ernst-Grube-Werk zu beliefern. Dabei waren Rechtslenker ebenso gefragt wie CKD-Exporte (completely knocked down – Fahrzeuge in zerlegtem Zustand), etwa nach Kolumbien und Indonesien.

Nicht zuletzt wegen der recht sparsamen Motorisierung waren Sattelschlepper auf S 4000-1 Basis eher die Ausnahme. (Foto: Ralf Weinreich)↑→

Auch das ist ein S 4000-1: Der Viehtransporter mit Tiefrahmen. Durch den nach hinten gerückten Motor fast ein Frontlenker.→

Ein S 4000-1 aus Werdauer Produktion bei der Arbeit.

MINOL
Feuergefährlich !
9035 L
Franz Poller
FUHRGESCHÄFT
Ellefeld/Vogtl.
V 07523

Die Entwicklung des W 50

Kaum war in Zwickau die S 4000-Montage angelaufen, begannen konstruktive Vorbereitungen für ein Nachfolgemodell. Dabei lief die intern S 4500 (4,5 t) genannte Entwicklung zunächst zweigleisig: Zum einen holte man endlich die Pläne für einen modernen Frontlenker-LKW aus der Schublade, zum anderen setzten die Ingenieure, angeblich auf Wunsch von Exportkunden, auf jeden Fall aber auf Drängen der militärischen Führung und damit der Partei, auf den traditionellen Hauben-LKW. Ein möglichst hoher Grad an Wiederverwendungsteilen, auch am Fahrerhaus, sollte trotzdem realisiert werden. Zu erwähnen ist hierbei, dass der in Entwicklung befindliche G 5/3 und der neue S 4000-Nachfolger gegebenenfalls ein ähnliches Fahrerhaus erhalten sollten.

Mit der Verlagerung der S 4000-1-Fertigung nach Werdau übernahmen die dortigen Ingenieure die Fortführung des Begonnenen und den Bau von Versuchsfahrzeugen. Die Werdauer veränderten bald das Konzept und wandten sich – nicht zuletzt aus Kostengründen – von der konventionellen Variante ab. Unter der Bezeichnung W 45 entstand erstmals eine LKW-Konstruktion, die das »W« für Werdau in der Typenbezeichnung tragen durfte.

Ein für die DDR typisches Szenario ließ den W 45 auch als Serienfahrzeug bald Wirklichkeit werden: Auf dem VII. Deutschen Bauernkongress im März 1962 rief SED- und Staatschef Ulbricht, selbstverständlich im Namen der delegierten Bauern aus Volkseigenen Gütern (VEG) oder zwangskollektivierten Landwirtschaftlichen Produktionsgenossenschaften (LPG), die Fahrzeugbauer der DDR auf, einen vielseitig einsetzbaren LKW mit 5 t Nutzlast zu bauen (tatsächlich war der Transportbedarf in der Landwirtschaft enorm gestiegen – indes die Bauern blieben auch fernerhin meist die Letzten bei der Zuteilung neuer Lastkraftwagen). Die Werdauer Führungskräfte konnten umgehend den »Ruf der Delegierten« aufnehmen und im Juli 1962 den ersten W 45-Prototypen präsentieren. Weitere Funktionsmuster folgten, darunter im Herbst auch eine Sattelzugmaschine. 1963 konnte die Nutzlast dann auf die geforderten 5 t erhöht, und damit die endgültige Bezeichnung des neuen LKW als »W 50« festgeschrieben werden.

Ein Prototyp des S 4500 mit Haubenfahrerhaus in der Trillerbergstraße in Zwickau. (Foto: Verkehrsmuseum Dresden)

Prototyp eines W 45 L mit langer Motorhaube. Man erkennt, dass viele Teile des Fahrerhauses mit dem Frontlenker-Modell übereinstimmen.

Wie zuvor bei den Lastwagen, war auch beim neuen Frontlenker zunächst nur die einfache Pritschenausführung – mit 2 m² größerer Ladefläche als beim Vorgänger – im Programm. Den Bedarf an Sonderfahrzeugen deckten weiterhin die S 4000-1 aus Werdau ab. Von diesem kam anfangs auch der jetzt im VEB IFA Motorenwerke Nordhausen gebaute Motor des W 50, wenngleich in leicht überarbeiteter Form und mit nun 110 PS (der Hubraum war von 6024 cm³ auf 6560 cm³ vergrößert worden). Seine Höchstleistung erreichte der Motor bei 2200 U/min. Um 7° geneigt und etwas nach rechts außermittig angeordnet, arbeitete das Triebwerk, mit der Bezeichnung 4 VD 14,5/12 SRW, unter anderem mit einer Pumpenumlaufkühlung, einem Ölbadfilter mit vorgeschaltetem Zyklon (früher nur bei Tropenausführung), einem Kolbenverdichter zur Drucklufterzeugung und einer 12V/500W-Gleichstromlichtmaschine.

W 45- oder auch W 50-Prototypen auf Erprobungsfahrt. Deutlich zu erkennen sind die unterschiedlichen Kühlerausschnitte der beiden Fahrzeuge. (Foto: Archiv Jens Zenker)

Und so sah er dann aus, der neue Großserien-LKW. Das W für Werdau auf dem Kühlergrill musste bald der IFA-Raute weichen.

Wir stellen die Neuentwicklungen aus dem VEB Kraftfahrzeugwerk „Ernst Grube", Werdau, vor:

Frontlenker-LKW W 45 LAF

Ein neues Gesicht war unter den Kraftfahrzeugen auf der 10. Landwirtschaftsausstellung in Markkleeberg zu finden (Bild 1). Im Heft 8 wurde bereits kurz darüber berichtet, daß der volkseigene Fahrzeugbau den Forderungen des VII. Deutschen Bauernkongresses nachgekommen ist und den Fachleuten der Landwirtschaft den ersten Prototyp eines allradgetriebenen LKW für 3,5 bis 4,5 Mp Nutzlast vorstellte.

Es ist kein Zufall, daß dieser Wagen in dem Werk entwickelt wurde, in dem mit der inzwischen ausgelaufenen Fertigung des 6-Mp-LKW vom Typ H6, des Busses H6B, des geländegängigen Dreiachsen-LKW G5 und der derzeitigen Produktion des S 4000/1 die Erfahrungen für den Bau von Nutzfahrzeugen gesammelt wurden. Es nötigt dem Eingeweihten einige Achtung ab, daß das zahlenmäßig nicht sehr große Team von Technikern in der Lage war, neben der Serienbetreuung die umfangreichen Arbeiten für die Neukonstruktion zu erledigen. Von einer gänzlichen Neukonstruktion muß man im Fall des W 45 LAF sprechen, denn er ist nicht als eine Weiterentwicklung des derzeitigen Haupterzeugnisses aus Werdau, des S 4000/1, anzusehen. Praktisch ist er nicht nur eine Klasse höher in bezug auf seine Tragfähigkeit einzustufen, sondern er stellt auch mit seiner modernen Konzeption und seinen Bauelementen eine höhere Qualität dar.

Bild 1 Der allradgetriebene Frontlenker-LKW W 45 LAF bestand im Gelände die härtesten Prüfungen

Der erste Prototyp wird gebaut, nachdem Teile der Konstruktionsarbeiten abgeschlossen sind. Er besteht also schon lange vor Beginn einer eventuellen Serienfertigung. Daß er im Fall des W 45 LAF bereits in diesem Stadium an die Öffentlichkeit tritt, wo über andere Neuentwicklungen noch der Mantel des größten Geheimnisses gedeckt ist, hat seinen Sinn darin, daß möglichst viele Anregungen der späteren Nutzer verarbeitet werden sollen. Das ist Anlaß für uns, über unsere Eindrücke, die wir in Markkleeberg von diesem Fahrzeug gewannen, zu berichten.

Der Motor

Der Vierzylinder-Dieselmotor EM 4 hat sich tausendfach im LKW S 4000 und dessen Vorgänger, dem H3A bewährt. Nichts lag näher, als dieses erprobte Triebwerk für das neue Fahrzeug weiterzuentwickeln. Die Leistung in seiner bisherigen Ausführung reichte nicht aus. Durch Aufbohren wurde eine Leistungssteigerung erreicht. Der Motor EM 4-22 aus der Reihe 4 KVD 14,5 leistet damit 110 PS bei 2200 U/min. Die genannten Vorteile, und daß der Motor in der Landwirtschaft ohnehin bereits gut eingeführt ist, werden die Konstrukteure bewogen haben, ihn einem Sechszylindermotor, wie er oft in LKW dieser Größenordnung eingebaut ist, vorzuziehen.

Kraftübertragung

Es findet eine Einscheiben-Trockenkupplung Verwendung. Das Wechselgetriebe (Typ EG S5) ist nicht direkt am Motorblock angeflanscht, sondern liegt ein Stück hinter dem Motor, was die Demontierbarkeit verbessert. Es wird von einer kurzen Kardanwelle angetrieben.

Das Wechselgetriebe hat fünf Vorwärtsgänge und einen Rückwärtsgang; 2. bis 5. Gang sind synchronisiert.

Der Kraftfluß geht dann bis zum Verteilergetriebe weiter, von wo er entweder nur zur Hinterachse oder zur Vorder- und Hinterachse weitergeleitet wird. Zusammen mit dem Verteilergetriebe werden also insgesamt 10 Gangstufen erreicht.

Das Fahrwerk

Um die Konstruktionshöhe der Differentiale kleinhalten zu können, wurde die Achsuntersetzung aus dem Differentialgehäuse heraus in die Nähe der Räder versetzt. Damit wird eine Bodenfreiheit mit der

Bild 2 Blick unter die Hinterachse. Durch das Verlegen der Achsuntersetzung aus dem Differential heraus in Radnähe wird eine große Bodenfreiheit erreicht

Bild 3

Die guten Einschlagwinkel der Vorderräder sind ausschlaggebend für die Wendigkeit des Fahrzeugs

Bild 4

Die guten Einschlagwinkel werden durch große Kugelgelenke ermöglicht

Bild 5 In schwerem Gelände nimmt der Rahmen einen Teil der Verwindungsarbeit auf und garantiert, daß auch dann noch alle vier Räder aufliegen und tragen

gezeigten Einzelbereifung auch für die Hinterachse von rd. 390 mm erreicht (Bild 2). Sowohl die Vorder- als auch die Hinterachse werden von längsliegenden Blattfedern abgefangen.

Diese Federung ist zwar alles andere als neuartig, ihre Zuverlässigkeit hat sie aber seit Jahrzehnten in allen Gattungen von Kraftfahrzeugen bewiesen. Auf der anderen Seite dürfte die jetzige Achsaufhängung kein Hindernis für eine Weiterentwicklung der Federungseinrichtung sein. Es wäre z. B. denkbar, daß die Blattfedern einmal den größten Teil ihrer Federfunktion an Luftfederelemente oder ähnliches abgeben und vor allem die Führung der Achsen übernehmen.

Die Lenkung ist z. Z. ohne Lenkhilfe vorgesehen. Man möchte vor allem für schweres Gelände, für das der Wagen ja vorgesehen ist, eine Servolenkung vorschlagen.

Mit dem verhältnismäßig kurzen Radstand von 3200 mm und den großen Einschlagwinkeln (Bild 3), die die großen Kugelgelenke (Bild 4) der Vorderräder zulassen, wird ein sehr kleiner Wendekreisdurchmesser von rd. 14,5 m erreicht. Damit kann man dieses große Fahrzeug als wendig bezeichnen.

Als Bereifung werden Mitteldruckreifen der Abmessung 12.00—20 verwendet. Es ist vorgesehen, das Fahrzeug später mit noch anpassungsfähigeren Niederdruckreifen auszurüsten. Die Geländegängigkeit des Fahrzeugs wird durch die Differentialsperren erhöht, mit denen beide Achsen ausgerüstet werden können.

Rahmen und Aufbau

Das Rückgrat des W 45 LAF bildet ein verwindungsweicher, genieteter U-Profilrahmen, dessen beide Längsträger verhältnismäßig eng beieinanderliegen. Bild 5 zeigt, wie weit sich der Rahmen beim Befahren von schwerem Gelände verwinden läßt.

Das Frontlenkerfahrerhaus und der Aufbau sind an Quertraversen des Rahmens befestigt. Der erste Prototyp hatte einen Pritschenaufbau als Dreiseitenkipper (VEB Fahrzeughydraulik Frankenberg), mit dem das Fahrzeug eine Gesamtlänge von 5685 mm erreicht (Bild 6). Im Herbst dieses Jahres sollen allerdings noch weitere Prototypen mit anderen Aufbauten gebaut werden, so z. B. als Sattelauflieger usw. Sie werden einer ausführlichen Erprobung in der Landwirtschaft unterzogen.

Das Frontlenkerfahrerhaus ist in Ganzstahlbauweise ausgeführt. Zwischen den beiden Sitzen für Fahrer und Beifahrer befindet sich die abnehmbare Verschalung für den Motor. Sie ist doppelwandig und damit schallisolierend. Das Fahrerhaus ist an der Hinterwand in der

Bild 6 Der erste Prototyp war mit einem Aufbau als Dreiseitenkipper und erhöhten Pritschenwänden ausgestattet. Die Gesamtlänge beträgt 5685 mm

Größe des Motorquerschnitts durchbrochen, so daß die vom Kühler eintretende Luft am Motor vorbeistreicht und einen Teil des Schalls abführt. Wie uns versichert wurde, laufen weitere Entwicklungsarbeiten für eine noch bessere Dämmung des Schalls.

Auf den beiden Sitzen ist bequem, aber nicht übermäßig viel Platz. Durch Verlegen der Motorbremse und günstigere Anordnung der Leitung vom Luftfilter ließe sich unserer Ansicht nach der Platzbedarf des Motors verringern und die Bewegungsfreiheit für Fahrer und Beifahrer erhöhen. Da der Fahrer nicht sehr nahe an der Windschutzscheibe sitzt, wäre es günstig, wenn seine sonst guten Sichtverhältnisse nach vorn unten durch noch weiter nach unten gezogene Scheiben verbessert werden könnten.

Schlußbetrachtung

Der neuentwickelte W 45 LAF hat seine besondere Stärke im Gelände. Seine hohe Tragfähigkeit von 3,5 Mp im Gelände und 4,5 Mp auf der Straße und seine Zugkraft von 4,6 Mp stempeln ihn zu einem Fahrzeug großer Leistungsfähigkeit besonders für die Landwirtschaft. Eine Spezialisierung des Fahrzeugs für andere Arbeitsgebiete, z. B. den reinen Straßentransport, dürfte nicht schwerfallen.

Dem W 45 LAF ist zu wünschen, daß er bei seiner Serienfertigung zu einem ebenso zuverlässigen Arbeitspferd wird, wie es der derzeit gefertigte S 4000/1 ist. KfA 6216 *knut*

Ungewöhnlich für DDR-Verhältnisse stellte die Zeitschrift Kraftfahrzeugtechnik schon in ihrem Heft 9 von 1962 den W 45 mit Allradantrieb vor.

Erstmals konnte mittels eines Bügels am Gaspedal eine Motorbremse aktiviert werden. Das Wechselgetriebe war, vom Motor getrennt, elastisch am Rahmen aufgehängt. Von den fünf Vorwärtsgängen (1 Rückwärtsgang) waren der zweite bis fünfte synchronisiert. Für das Wechselgetriebe gab es Nebenabtriebe (vorn und hinten) und ein anflanschbares Verteilergetriebe mit Geländeuntersetzung. Eine Einscheiben-Trockenkupplung realisierte den Kraftschluss. Längsgelenkwellen übertrugen die Kraft weiter zur Hinterachse, die, mit Differentialsperre ausgerüstet (Option), als Doppelachse ausgeführt war. Die starre Vorderachse war, wie schon bei den Vorgänger-Typen, eine Faustachse mit geschmiedetem Achskörper. Konventionelle, halbelliptische Blattfedern, vorne von Teleskopstoßdämpfern unterstützt, sorgten für eine recht gute Straßenlage. Das Fahrzeug war in der Größe 8.25-20 bereift, wie gehabt hinten jeweils doppelt.

Der Bremskraftverstärker der hydraulischen Zweikreisbremsanlage sprach auch bei Betätigung der Handbremse an und steuerte zudem die Druck-

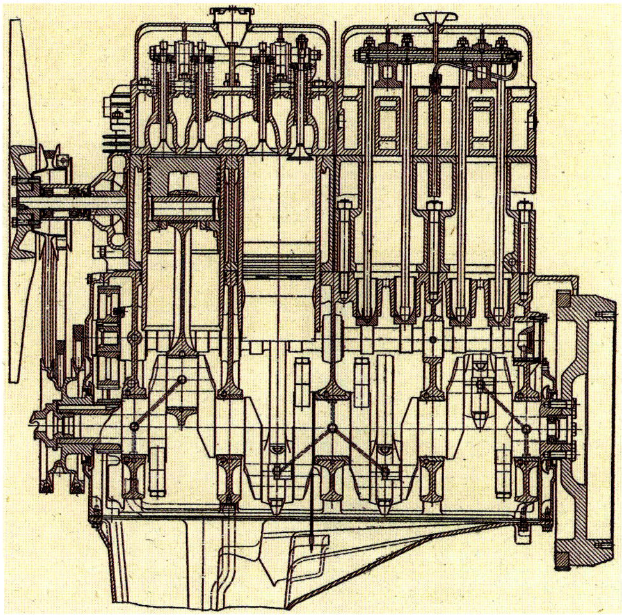

Längsschnitt durch den Vierzylinder-Dieselmotor des W 50, der nach der Einstellung des dortigen Traktorenbaus in Nordhausen gefertigt wurde.

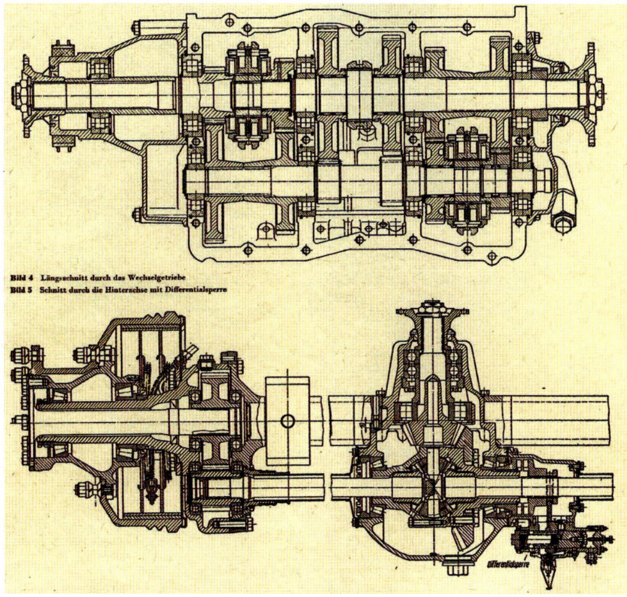

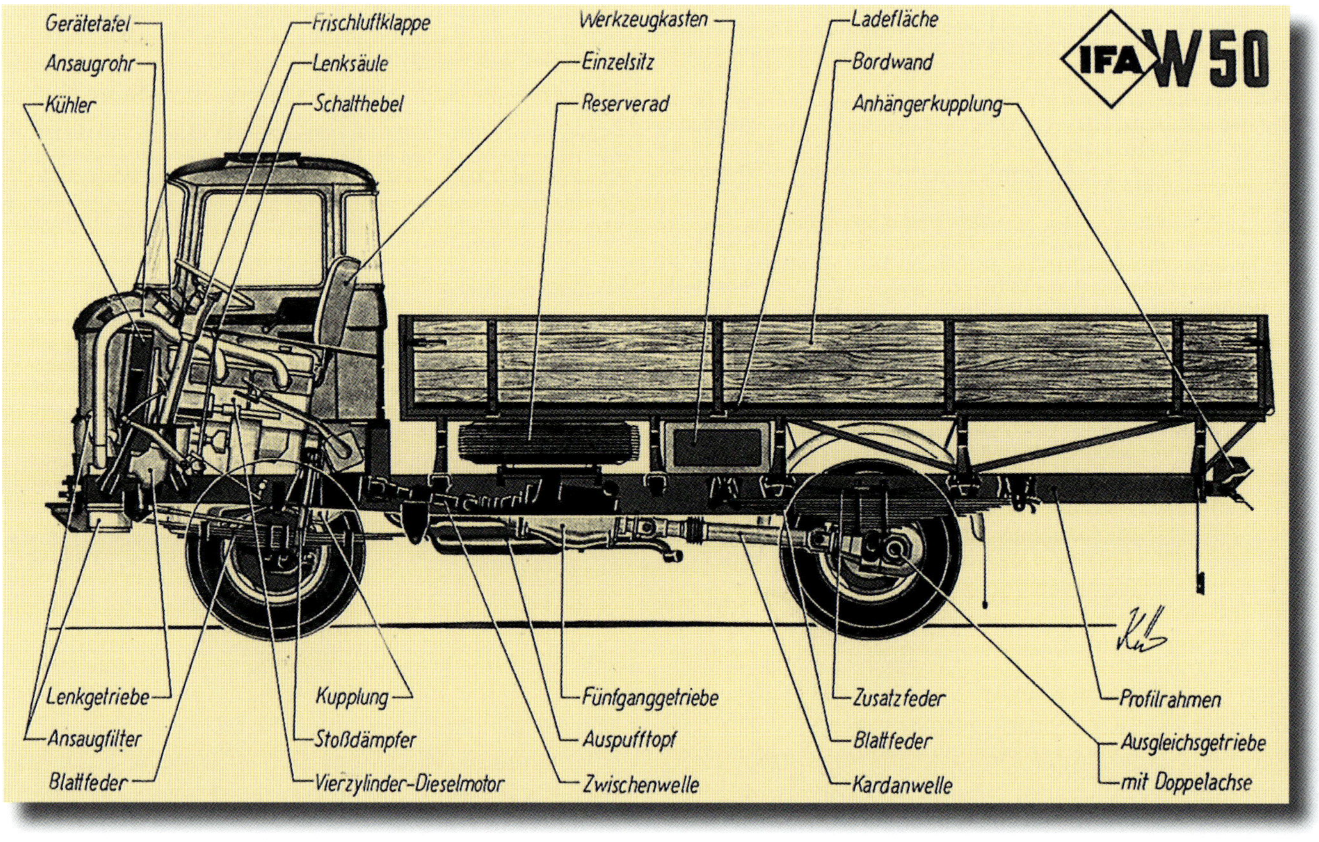

Diese Zeichnung von 1965 gibt einen groben Überblick über die Komponenten des W 50 und ihrer Anordnung.

luftbremse des Anhängers. Karosserieträger und Kern des Fahrwerks war ein U-Profil-Rahmen in sogenannter Fischbauchform. Auf ihm ruhte mittels Schwingungsdämpfern das in Schalenbauweise und ganz aus Stahlblech gefertigte Fahrerhaus. Die Frontlenkerbauweise bedingte bei der W 50-Konstruktion, dass der Motor in das Fahrerhaus hineinragte und so die beiden Sitzplätze voneinander trennte. In der Standardversion mit Pritsche und maximaler Zuladung von 5,3 t gab der Hersteller eine Höchstgeschwindigkeit von 83 km/h und eine Dauergeschwindigkeit von 75 km/h, bei einem Verbrauch von etwa 20–25 Liter Diesel je 100 Kilometer an. Damit war der W 50 schneller als seine Vorgänger und alles in allem erheblich komfortabler.

Trotz aller Euphorie erkannten die verantwortlichen Fachleute damals sehr genau, dass das Triebwerk keineswegs mehr dem aktuellen Entwicklungsstand entsprach. Sechszylindermotoren hatten bei anderen großen Herstellern sogar schon in der 4-t-Klasse Einzug gehalten. Indes, den ostdeutschen Ingenieuren stand vorerst kein anderes Triebwerk zur Verfügung.

Ebenfalls unzufrieden war man mit den großen Federwegen der Blattfedern, die nur eine relativ geringe Ladehöhe zuließen. Bei Fahrzeugaufbauten mit höherem Ladeschwerpunkt und Sattelzugmaschinen wurden deshalb Stabilisatoren verbaut. Beanstandet wurde auch die Höhe der Beladungsfläche. Deshalb erfolgte bereits 1966 eine Absenkung durch Verlegung des Reserverades unter den Rahmenüberhang. Der Kritik am verhältnismäßig hohen Leergewicht des LKW hielten seine Erbauer die hohe Qualität und längere Lebensdauer entgegen. Tatsächlich dürfte es keinen W 50 der ersten Stunden gegeben haben, der – wenn er denn nicht einen Unfalltod gestorben war – die folgenden 25 Jahre DDR nicht überstanden hat. Generalüberholung(en) vorausgesetzt.

In der letzten innovativen Periode des DDR-Kraftfahrzeugbaus erschien mit dem W 50 auch ein moderner Frontlenker-Mittelklasse-LKW.

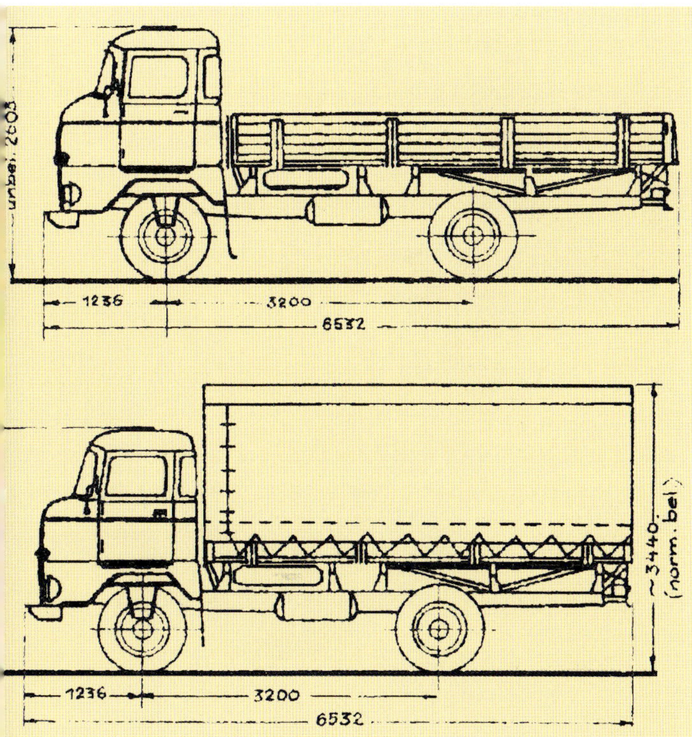

Zunächst konnte der W 50 nur als Pritschenfahrzeug mit oder ohne Plane geliefert werden.

Bei der Typenbezeichnung W 50 L stand das W für den Entwicklungsstandort Werdau und das L für Lastwagen.

Der Standort Ludwigsfelde

(Foto: LutzBruno, © CC BY-SA 4.0)

Am 24. Januar 1936 gründete die Daimler Benz AG nach Absprache mit dem Reichsluftfahrt-Ministerium die Daimler-Benz-Motoren GmbH Genshagen. Die Genshagener Heide, nur einen Steinwurf von Berlin entfernt, in südöstlicher Richtung liegend, bot ideale Voraussetzungen für eine unauffällige und trotzdem verkehrsgünstig gelegene Rüstungsproduktion. Wo bis dahin rund 200 Schafhirten und Kleinbauern lebten, begann im Februar 1937 mit etwa 5600 Beschäftigten die Produktion von Stern-Motoren für den Flugzeugbau. Hergestellt wurden Flugmotoren in der Bauart 12-Zylinder-Reihenmotor in V-Anordnung mit hängendem Einbau.

Während des Krieges kamen zunehmend Zwangsarbeiter zum Einsatz, für die man sogar ein Konzentrationslager im Ort Ludwigsfelde gebaut hatte. Nach den Bombenangriffen 1944 mussten die Häftlinge in der großen Montagehalle in den Kellerräumen kampieren. Zusammen mit der Kriegsproduktion war dies für die sowjetischen Besatzer natürlich Grund genug, nach Kriegsende die Werkhallen bei Ludwigsfelde völlig zu demontieren. Anschließend erfolgte die restliche Zerstörung der Werkhallen durch Sprengung.

In der Folge siedelten sich kleine Reparatur- und sonstige Handwerksbetriebe auf dem Gelände an, die aber den vielen, immer noch in der Nachbarschaft lebenden, ehemaligen Werksangehörigen nicht genug Beschäftigung bieten konnten.

Die junge DDR-Regierung schnürte alsbald ein umfangreiches Investitionspaket für den Standort und 1952 erfolgte der Bau eines neuen Werkes auf einem Teil des ehemaligen Daimler-Motorenwerkes. Ziel war es unter anderem, Ludwigsfelde zu einer Produktionsstätte für Schiffsdieselmotoren aufzurüsten. Aus der ganzen Republik zog man zu diesem Zwecke weitere Fachkräfte heran, für die es von 1953 bis 1955 ein umfangreiches Wohnungsbauprogramm gab.

Das ehrgeizige Ziel konnte aus vielerlei Gründen nur zum Teil realisiert werden und nach Übergabe der ersten neuen Halle im Dezember 1952 wurde der VEB Industriewerke Ludwigsfelde (IWL) zu einem regelrechten Gemischtwarenladen umfunkti-

Der DB 600 mit 12 Zylindern und über 1000 PS war der erste Flugmotor, den Daimler Benz in Ludwigsfelde bauen ließ. Zum Einsatz kam er unter anderem in der Heinkel He 111.

Zwei Zwölfzylinder-Motoren vom Typ DB 605 ergaben den Typ 610 mit 24 Zylindern, 70 Litern Hubraum und 2950 PS! Damit wurde vor allem der schwere Bomber Heinkel He 177 in die Luft gebracht.

oniert. Neben den Schiffs- und auch wieder Flugzeugmotoren baute man unter anderem Elektrodenstrahl-Mehrkammeröfen, Spezialmaschinen und große Schmiedeteile. Auch komplette Kraftfahrzeuge mussten ins Fertigungsprogramm aufgenommen werden.

Ab 1954 war es zunächst die Fertigung der sogenannten »Dieselameise«, einem einfachen Kurzstreckentransporter mit offenem Fahrerstand. Nach dem Vorbild der damals sehr verbreiteten Elektrokarren war 1951 im Cunewalder Motorenwerk die erste Dieselameise – ausgerüstet mit einem Dieselmotor des Motorenwerkes Kamenz – entstanden. Weiterentwicklung und Serienfertigung gingen zunächst nach Brand-Erbisdorf, ehe sie zum IWL verlegt wurde. Jahre später entwickelte sich aus dieser Konstruktion heraus die Multicar-Reihe in Waltershausen.

Zusätzlich ins Programm kam ab dem Frühjahr 1955 die Fertigung selbst entwickelter Motorroller mit Antriebstechnik von MZ in Zschopau. Das bald wichtigste und bekannteste Ludwigsfelder Produkt

Von 1954 bis 1956 wurden in Ludwigsfelde die »Dieselameisen« DK 1802, 2002 und 2002 L (Foto) gebaut. Das L stand hier für Luftbereifung.

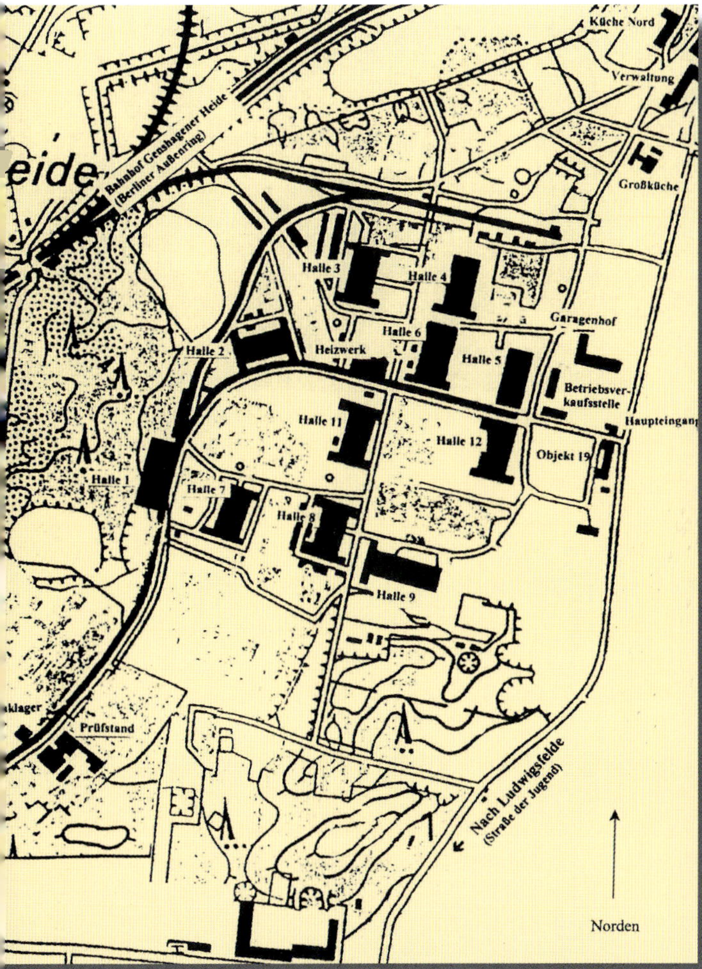

Die Industriewerke Ludwigsfelde im Jahre 1958. Wegen der vielen einzeln im Gelände verstreuten Gebäude sprach man scherzhaft vom »Hüttenkombinat«.

entwickelte sich zu einem echten Publikumsliebling (was nach dem 17. Juni 1953 letztlich auch das politische Ziel war), der den internationalen Vergleich nicht zu scheuen brauchte. Dem »Pitty« von 1955 folgte schon ein Jahr später der SR 56 »Wiesel«, 1959 der SR 59 »Berlin« und ab Januar 1963 der »Troll 1« – Modellfolgen, die in späteren DDR-Jahren undenkbar waren. Leider musste die Motorroller-Produktion zugunsten des kommenden W 50 1964 in Ludwigsfelde und damit in der DDR nach rund 240.000 Einheiten enden.

Zwei Jahre zuvor nahm Ludwigsfelde auf staatliche Weisung hin die Fertigung des Geländewagens P 3 auf. Vom ehemaligen Wanderer-Werk in Karl-Marx-Stadt (Chemnitz) kommend, sollte die Produktion des hauptsächlich militärisch genutzten DDR-Jeeps in Ludwigsfelde (auch Werdau war im Gespräch) ausgebaut werden. Der P 3 war anerkanntermaßen eines der besten Fahrzeuge seiner

Richtig bekannt wurde Ludwigsfelde durch seine Motorroller-Fertigung. Den Anfang machte hier 1955 das Modell »Pitty«.

In schneller Folge wurden die Motorroller weiterentwickelt, so kam schon 1956 das Modell »Wiesel« auf den Markt …

… und 1959 folgte der Roller »Berlin«. Wenngleich international der Roller-Boom seinem Ende entgegenging, blieben diese Fahrzeuge in der DDR sehr begehrt.

Klasse, zumindest im gesamten Ostblock; er musste aber dennoch – wie der G 5 – russischen Produkten weichen. Im September 1965 fuhr der letzte P 3 aus der Ludwigsfelder Montagehalle, nachdem man dort etwa 700 bis 1000 Fahrzeuge jährlich montiert hatte.

Aus dem kleinen Heidedorf war inzwischen eine richtige Stadt mit mehr als 10.000 Einwohnern geworden, von denen die meisten irgendwie mit dem großen Werk vor ihren Toren verbunden waren.

Ein Ministerratsbeschluss vom 21. Dezember 1962 hatte über Ludwigsfelde als künftigen Produktionsstandort des neuen LKW entschieden. Dasselbe Gremium beschloss knapp ein Jahr später, im November 1963, das Industriewerk Ludwigsfelde zu einer der modernsten LKW-Fertigungsstätten Europas auszubauen. Daraufhin flossen Gelder unter anderem für eine 400 m lange und 180 m breite Montagehalle, deren Grundstein im Juni 1964 gelegt wurde. Unter dem 72.000 qm großen Dach vereinten sich die Pressenstraßen, die Fahrerhausfertigung, die Lackieranlagen und schließlich ein 250 m langes Endmontageband.

Wieder begann sich das Personalkarussell in der DDR zu drehen und von der bestehenden Ludwigsfelder Belegschaft schickte man rund 1000 Mitarbeiter zu den verschiedensten Qualifizierungsmaßnahmen, um sie auf die kommende LKW-Großserienfertigung vorzubereiten. Schon wenige Monate nach Produktionsanlauf zeigte es sich jedoch, dass die getroffenen Maßnahmen nicht ausreichend gewesen waren. Noch bis 1968 entsprach der Jahresausstoß an LKW bei weitem nicht

Der »Troll« bildete den Abschluss der Rollerfertigung in Ludwigsfelde, alle verfügbaren Kapazitäten mussten für den neuen LKW W 50 geopfert werden.

Auch die 1962 begonnene Produktion des Geländewagens P 3 lief im Jahr 1965 zugunsten des W 50 aus.

der vom Staat geforderten Menge. Laut Parteiapparat »wurde im Automobilwerk Ludwigsfelde nicht den Erfordernissen des ökonomischen Systems des Sozialismus entsprochen«, und es wurde gefordert, »den gesamten Prozess der innerbetrieblichen Planung und Leitung der Produktion mit Hilfe der modernen Leitungswissenschaften zu meistern«. Was immer das auch heißen mochte! In der DDR war man sowieso Meister im Formulieren sozialistischer Worthülsen, die meist leer blieben und nichts voranbrachten.

Große Teile der Ludwigsfelder Produktionsanlagen wurden nach der Wende von Daimler-Benz übernommen und modernisiert. Eine Aufnahme von 1997.

Eine Hälfte der neuen, 4000 Meter langen Halle wurde von den Großpressen beherrscht, die unter anderem die Fahrerhausteile des W 50 pressten.

Die Produktion läuft an

Am 1. Juli 1965 lief die Produktion in Ludwigsfelde offiziell an. Am 17. Juli verließ der erste fertige Serien-W 50 die große, neue Werkhalle. Ebenfalls DDR-typisch ging dieser Tag dreifach in die sozialistische Geschichte ein: Gleichzeitig mit der Endmontage des ersten LKW wurde das Werk in »VEB Automobilwerke Ludwigsfelde« umbenannt und Ludwigsfelde selbst auf Regierungsbeschluss endlich zur Stadt erklärt.

Die ersten Monate verließen ausschließlich Pritschenfahrzeuge die Montagehallen in Ludwigsfelde. Aber die Zeit drängte! Da in Werdau möglichst schnell mit einem neuen Produktionsprofil begonnen werden sollte, mussten die inzwischen unentbehrlichen Sonderaufbauten möglichst rasch auf den W 50 übertragen und weiter ausgeweitet werden. Dabei kristallisierten sich bald vier Fahrgestell-Grundtypen heraus, die, nochmals miteinander kombiniert, das gesamte künftige Aufbau-Programm trugen: Hinterradantrieb, Allradantrieb, 3200 mm Radstand oder 3700 mm Radstand.

Noch Ende 1965 kam der Dreiseitenkipper. Mit gleichem Radstand wie der W 50 L (3200 mm), geänderter Hinterachsübersetzung (für mehr Zugkraft) und einem Kipperaufbau aus Frankenberg (jetzt VEB Barkas-Werke / Betriebsteil Frankenberg) avancierte der Kipper neben der Pritsche zur meistgebauten W 50-Variante. Die Einführung des W 50 L/K brachte gleichzeitig eine Änderung der Fahrerhausaufhängung von vier auf drei Punkte für alle Typen mit sich.

1967 erschien der Kofferaufbau aus dem Karosseriewerk Halle. Der Leichtbaukoffer in »Normalausführung« ließ noch eine Zuladung von 4,7 t zu. Ein Isotherm-Kofferaufbau folgte wenige Wochen später.

Ebenso konnte 1967 noch die Allradvariante, die es schon als Werdauer Prototypen gegeben hatte, realisiert werden. Die nun ebenfalls angetriebene Vorderachse ähnelte sehr der hinteren und war – wie diese – mit einer druckluftbetätigten Differentialsperre ausgerüstet. Außerdem erhielten die Allrad-LKW ein anderes, den Fahrer entlastendes Lenkgetriebe (»Hydrolenkung«).

Zunächst kam der Kipper (Zwei- oder Dreiseiten-) in den Genuss zweier angetriebener Achsen – und eines stärkeren Motors. Dabei handelte es

In einer Feierstunde wurde am 17. Juli 1965 der offiziell erste Serien-W 50 in Ludwigsfelde gewürdigt.

Die »Hochzeit« von Motor und Fahrgestell im Werk Ludwigsfelde.

In den ersten Monaten wurden ausschließlich Pritschenfahrzeuge gebaut, die auch gleich in viele Länder exportiert wurden.

Der Dreiseitenkipper war neben dem Pritschenmodell die meistgebaute W 50-Variante.

Dieser Prospekttitel von 1974 ist mit W 50 L/K 3 SK 5 überschrieben. Dreiseiten-Kipper für fünf Tonnen Nutzlast.

sich prinzipiell um den bestehenden Vierzylinder, der aber nach einer Lizenznahme von MAN auf Direkteinspritzung und Mittenkugel-Verbrennung umgestellt worden war. Damit kam auch dem W 50 zugute, was in erster Linie für den neuen DDR-Traktor ZT 300 gedacht war, der vom gleichen Aggregat wie der LKW angetrieben wurde. Obgleich sich die Leistung des nun 4 VD 14,5/12-1 SRW genannten Motors deutlich auf 125 PS bei 2300 U/min erhöhte und das maximale Drehmoment auf 43 kpm klet-

Speziell für den Großhandel war der W 50 mit Kofferaufbau eine wichtige Ergänzung. Ab 1967 stand das Fahrzeug mit 19,5 m³ Ladevolumen zur Verfügung.

Fast gleichzeitig mit dem normalen Kofferaufbau lieferte Ludwigsfelde auch die ersten Fahrzeuge mit Isotherm-Koffer aus.

terte, sank der Dieselverbrauch merklich. Mit dem Motor führte Ludwigsfelde außerdem ein Kaltstartgerät und einen thermostatabhängig geschalteten Lüfter ein.

1967 war auch das Jahr, in dem die Pritschenausführung zusätzlich mit einem »Universalmontagemastaufbau« und einem Aufbauladekran der Firma Mühle & Söhne, Löbau, versehen werden konnte. Der Aufbauladekran war die erste Variante mit Radstand 3700 mm. Nachdem dann 1967 zusätzlich noch das Fäkalienfahrzeug, mit einem Aufbau des VEB Spezialfahrzeugwerk Adlershof, erschien, hatte der gute alte S 4000-1 endgültig ausgedient.

Der Vierzylinder-Dieselmotor des W 50 arbeitete ab 1967 nach dem MAN-System mit Direkteinspritzung und Mittenkugel-Verbrennung, aus 6560 cm³ Hubraum mobilisierte er 125 PS bei 2300 U/min.

Noch im Jahr 1967 wurden die Kipper mit Allradantrieb realisiert. In der Typenbezeichnung W 50 LA stand künftig das A immer für die zwei angetriebenen Achsen.

Mit den allradgetriebenen Kippern (Zwei- und Dreiseiten) wurde auch ein überarbeiteter Dieselmotor eingeführt, der nun 125 PS leistete. In der Typenbezeichnung schlug sich das mit einem zusätzlichen Z nieder.

Im gleichen Jahr wurde auch eine verlängerte Pritsche (»Speditionspritsche«) mit einer Fahrzeuggesamtlänge von 7250 mm ins Programm aufgenommen.

Einige technische Überarbeitungen hatte es 1968 für alle W 50 gegeben. So ersetzte eine Drehstromlichtmaschine 500 W/12 V das Gleichstromaggregat. Eine neue Kupplung (Typ WR 50-60 K) war stabiler, entlastete aber dennoch das linke Bein des Fahrers. Der hatte es nun auf einem zentral gefederten Sitz, mit einer neuen, schwingungsreduzierenden Lenksäulenbefestigung und einer verbesserten Hinterachsfederung sowieso gemütlicher bei seiner Arbeit.

Seit Jahrzehnten im Einsatz: W 50 L mit Kofferaufbau in Russland. (Foto: Light Dim CCO)

Etwas außermittig rechts angeordnet, ragte der Motor konstruktionsbedingt ins Fahrerhaus. Eine schalldämmende Abdeckung sorgte für einen erträglichen Lärmpegel.

Aber auch auf deutschen Baustellen war der W 50 LA noch viele Jahre nach seiner Produktionseinstellung aktiv. Ein Bild aus dem Jahr 2016. (Foto: Christian Gebhardt, © CC BY-SA 4.0)

Nicht knitterfrei: Ein W 50 Allradkipper als Baustellenfahrzeug in Ungarn.

Den vielseitig einsetzbaren Montagemast hätten viele »Bedarfsträger« in der DDR gerne besessen. Er blieb aber überwiegend Exportkunden vorbehalten.

Zunächst als IFA W 50 L/L, später als W 50 L/l-LDK 1250 war der W 50 ab Ende 1967 auch mit einem Aufbauladekran erhältlich. Es war der erste W 50 mit dem langen Radstand 3700 mm.

Das ebenfalls noch Ende 1967 realisierte Fäkalienfahrzeug bedeute das Ende der Produktion des S 4000-1 in Werdau.

Das Speditionspritschen-Fahrzeug hatte einen um 500 mm verlängerten Radstand und eine entsprechend längere Pritsche.

Für die Forstwirtschaft und die holzverarbeitende Industrie kam 1968 der Langmaterial-Transporter W 50 L/FAO auf den Markt.

An die Männer hinter dem Lenkrad dachten die Entwickler auch bei der so genannten Fernverkehrsausführung, mit verlängertem Fahrerhaus, in das zwei Schlafplätze eingebaut werden konnten. Auch ein Fahrschulfahrzeug entstand mit langem Fahrerhaus, einer zweiten Lenkung und je einem zweiten Pedal für Kupplung und Bremse.

Auffallend waren auch der Wegfall der Kühlwassereinfüllklappe und damit die Anordnung des Haltegriffes auf der Fahrerhausbrüstung.

Viele W 50-Pritschen mit langem Fahrerhaus dienten als Fahrschulfahrzeug, in diesem Fall für die GST (Gesellschaft für Sport und Technik), einer paramilitärischen Jugendorganisation in der DDR.→

Während im Fahrschulfahrzeug zwei zusätzliche Sitze quer zur Fahrtrichtung angebracht waren, ließen sich ansonsten zwei Liegen hinter Fahrer- und Beifahrersitz installieren.↘

Das Löschfahrzeug 16 war 1968 die erste Feuerwehr auf W 50-Basis. (Foto: Ronny Garbe © GFDL)

Einige technische Neuerungen wie ein zentral gefederter Sitz oder eine bessere Lenksäulenbefestigung machten es dem Fahrer ab 1969 etwas bequemer.

L
JL - 0713

IFA

Varianten und Modellpflege 1969 bis 1974

1969 kam die erste Sattelzugmaschine mit einer Sattellast von 5,5 t, zunächst aber nur in Verbindung mit einem Milchtank-Auflieger, ins Programm. Weitere Auflieger wurden in der Folgezeit realisiert: Mischfutter, Treibstofftanks, Container.

Ebenfalls ab dem Jahre 1969 konnte die Pritsche mit einer Ladebordwand (1,1 t), die eine Verstärkung des Fahrzeugrahmens bedingte, vom VEB Spezialfahrzeugwerk Adlershof, geordert werden.

Im gleichen Jahr erschienen weitere Feuerwehrfahrzeuge auf W 50-Basis mit Aufbauten vom VEB Feuerlöschgerätewerk Luckenwalde. Nach dem Feuerlöschfahrzeug (LF) kam ein Tanklöschfahrzeug (TLF) und die 30-m-Drehleiter (DL). Auf weitere Standardaufbauten mussten die ostdeutschen Wehren aus Kapazitätsgründen verzichten und bei Bedarf improvisieren – wie in der DDR allgemein üblich.

Speziell für die Landwirtschaft entwickelt, verließ (ebenfalls noch 1969) ein neuer Allrad-Zweiseitenkipper, der mit verstärktem Rahmen 16 t Anhängelast ziehen konnte, die Montagehalle. Der W 50 LA/Z2 hatte erstmals einen hinter dem Fahrerhaus hoch gelegten Auspuff und Niederdruckreifen der Größe 16-20. Diese Bereifung kam nun immer öfter zum Einsatz und ließ die Variantenvielfalt der W 50-Typen weiter anwachsen. Wie z. B. bei den Modellen W 50 LA/Z 2 (siehe oben) und Z 3 (Dreiseitenkipper). Das Z stand bei den Kippern auch für »Zugmaschine«, als die dieser LKW-Typ vornehmlich eingesetzt wurde. Die Kipper ernteten Kritik ob ihrer zu geringen Nutzmasse bei relativ großem Ladevolumen.

Im Herbst 1969 rundeten Möbelkoffer, Werkstattkoffer, ein Koffer mit Kühlaggregat (alle vom IFA-Karosseriewerk Erfurt) sowie ein Muldenkipper die inzwischen äußerst reichhaltige W 50-Pallette ab.

Am 26. Januar 1970 lief in Ludwigsfelde der 50.000. 5-t-LKW, eine Pritschenausführung, vom Band. Die Feierlichkeiten hielten sich in Grenzen, da diese Zahl ursprünglich schon viel früher anvisiert worden war; immerhin hatte man 1969 erstmals den Staatsplan erfüllen können.

1970 konnte das Langfahrerhaus auch zu den verschiedensten Koffer-Varianten geliefert werden; völlig neu waren Ende des Jahres ein Kadaverfahrzeug und die Kehrmaschine mit Rechtslenkung. Ein Ladekran für Müllcontainer ergänzte das bestehende Programm.

Die erste W 50-Sattelzugmaschine zog einen Milchtank-Auflieger hinter sich her.

Immer wieder wurde die Wichtigkeit der W 50-Fertigung für die Landwirtschaft beschworen, tatsächlich hatten die Landwirtschaftlichen Produktionsgenossenschaften selten das Glück, einen W 50 zu ergattern.

Weitere Auflieger wie der Treibstofftank, in der DDR immer rot-gelb lackiert, folgten im Laufe des Jahres 1969.

Zu den Sattelaufliegern gesellte sich auch bald ein Container-Transporter.

Im November 1971 wurde erstmals der W 50 mit Mischfutter-Sattelauflieger vorgestellt.

W 50 L/LB – Pritschenfahrzeug mit hydraulischer Ladebordwand.

Das Tanklöschfahrzeug TLF 16 war auf einem Allradfahrgestell montiert. (Foto: Christian Wil., © CC-BY-SA 3.0)

(Foto: Ralf Weinreich)

Die Feuerwehraufbauten für den W 50, wie diese 30 m lange Drehleiter, kamen vom VEB Feuerlöschgerätewerk Luckenwalde.

Typenreiner DDR-W50-Löschzug, bestehend aus: Tanklöschfahrzeug TLF 16, Löschfahrzeug LF 16 und Drehleiter DL 30 (v.l.n.r.).
(Foto: Ralf Weinreich)

Die Zwei- und Dreiseitenkipper mit Allradantrieb kamen 1969 als Erste in den Genuss einer Niederdruckbereifung in der Größe 16-20.

Die komplette Typenbezeichnung für diesen Zweiseiten-Kipper mit Niederdruckbereifung lautete W 50 LA/Z 2 SK 5 ND.

MK stand für Möbelkoffer – eine weitere Ergänzung der Aufbaupalette aus dem Jahr 1969.

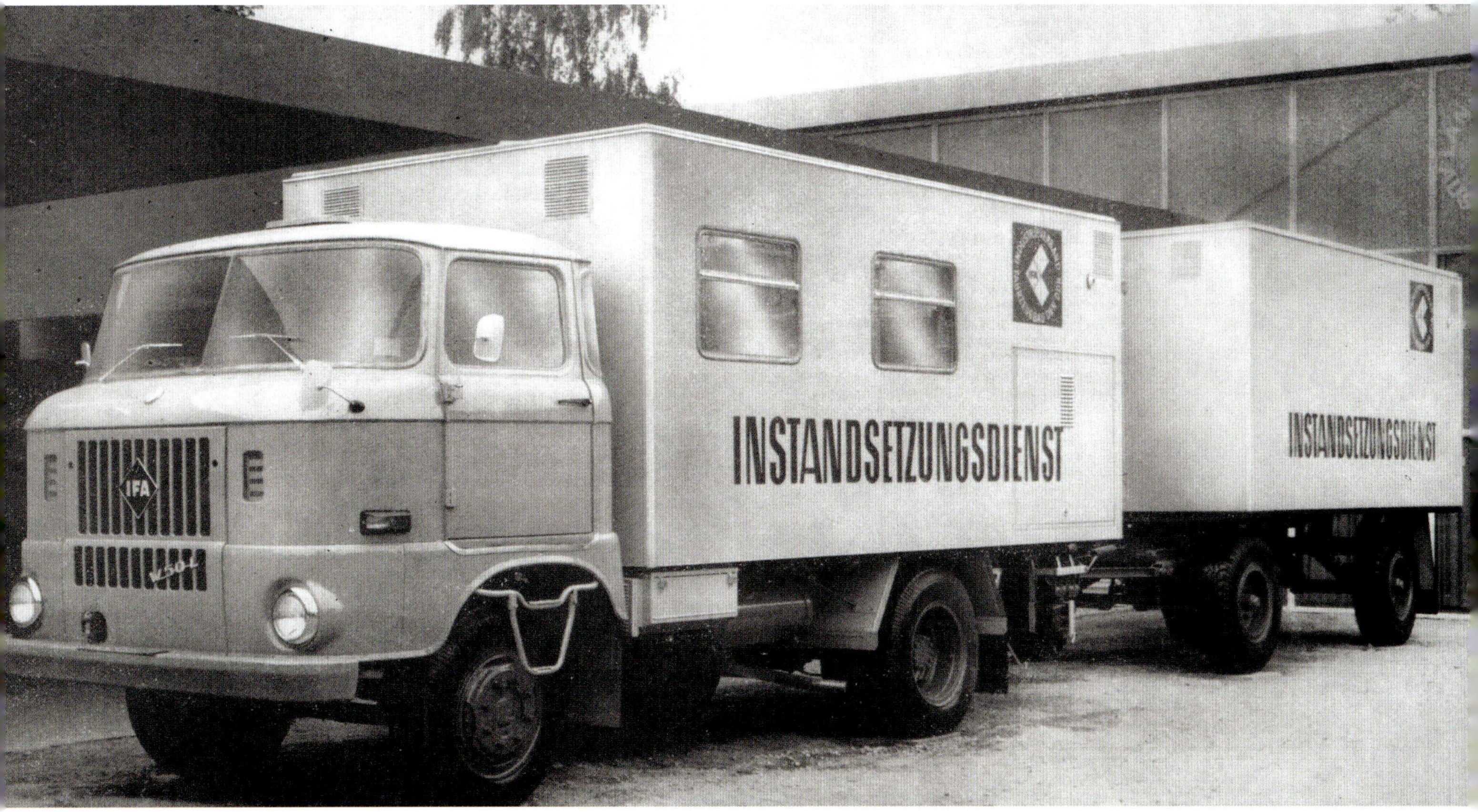

Während der Möbelkoffer auf dem Fahrgestell mit langem Radstand (3700 mm) saß, war der Werkstattkoffer auf dem kürzeren Fahrgestell (3200 mm) aufgebaut.

Sehr selten, weil mit zu geringer Ladekapazität, blieb der Muldenkipper mit Allradantrieb.

Ansprache von Betriebsdirektor Novak vor einer kleinen Belegschaftsauswahl anlässlich des 50.000. W 50 aus Ludwigsfelde.

War nicht sonderlich appetitlich, wurde aber trotzdem benötigt: Das Kadaverfahrzeug für die Tierproduktion.

Die Rechtslenkung war für die Straßenkehrmaschine, die 1970 neu ins Programm gekommen war, obligatorisch.

DDR und Umweltschutz – das passte nicht wirklich zusammen, aber was tat man nicht alles, um Exportkunden zu locken.

Der Ladekran war ja in der Praxis schon vorhanden, eine passende Plattformkonstruktion dazu – fertig war das Müllcontainerfahrzeug.

Zur Leipziger Herbstmesse 1970 verbreitete der IFA-Presse-Service dann nicht nur die Meldung vom 60.000. LKW der W 50-Reihe, sondern auch die stolze Zahl von mittlerweile 50 Varianten für alle Wirtschaftsbereiche. Die Variationsmöglichkeiten unter den verschiedensten Typen machten das tatsächlich möglich. Und das Ende war noch längst nicht abzusehen. 1971/72 kamen ein Sonderaufbau zum Transport sperriger Güter aus dem Frankenberger Barkas-Werk (vormals Hunger) und ein Viehtransporter ins Programm. Speziell für das Fernmeldewesen und die Energiewirtschaft wurde der W 50 mit einem noch einmal deutlich verlängerten Fahrerhaus zum Bautruppfahrzeug und ein Güllefahrzeug auf einem Allrad-Chassis erweiterte die Reihe der Spezialfahrzeuge. Es ergänzte für die Landwirtschaft das schon für kommunale Zwecke verfügbare Fäkalienfahrzeug. 1973 und 1974 waren für die Sattelzugmaschine einige neue Auflieger, vor allem für die Land- und Nahrungsgüterwirtschaft, in den Prospekten abgebildet, die das Basisfahrzeug aber kaum veränderten. Lediglich die Sattelzugmaschine für brennbare Flüssigkeiten erhielt einige zusätzliche Sicherheitseinrichtungen. Teilweise stammten diese Entwicklungen schon aus den Jahren 1971/72.

Der 125.000. W 50 konnte im Herbst 1974 die mittlerweile 18.000 Einwohner zählende Stadt Ludwigsfelde verlassen – selbstverständlich anlässlich des 25. Jahrestages der Gründung der DDR am 7. Oktober.

Das Bautruppfahrzeug mit extra langem Fahrerhaus und extra kurzer Pritsche erschien 1971.

1971 ergänzte das Güllefahrzeug die W 50-Varianten für die Landwirtschaft.

Erstaunlich spät, nämlich erst 1972 kam der W 50 L als Viehtransporter ins Programm. (Foto: Ralf Weinreich)

W 50-Parade auf dem IFA-Freigelände der Leipziger Frühjahrsmesse 1971.

Und noch ein landwirtschaftliches Nutzfahrzeug: Die Zugmaschine W 50 L/Z als Düngerstreuer auf dem Allrad-Fahrgestell mit Niederdruckreifen. (Foto: Adams Agriculture)

In den Jahren 1973 und 1974 wurde noch eine Reihe neuer Sattelauflieger für den W 50 eingeführt.

1971 war die Sattelzugmaschine für brennbare Flüssigkeiten hinsichtlich ihrer Sicherheitstechnik überarbeitet worden.

Die W 50-Varianten bis 1974 (ohne Anspruch auf Vollständigkeit)				
Typ	Aufbau	Antrieb	Radstand (mm)	ab Baujahr
W 50 L	Holzpritsche	4x2	3200	1965
W 50 L/K	Dreiseitenkipper	4x2	3200	1965
W 50 L/NKP	Kofferfahrzeug	4x2	3200	1967
W 50 L/IKB	Isotherm Kofferaufbau	4x2	3200	1967
W 50 LA/K	Zwei/Dreiseitenkipper	4x4	3200	1967
W 50 L/L	Aufbau-Ladekran	4x2	3700	1967
W 50 L/F	Fäkalienfahrzeug	4x2	3200	1967
W 50 L/U	Universal-Montagemast	4x2	3200	1967
W 50 L/FAO	Langmaterial-Transporter	4x2	3200	1968
W 50 L/Sp	Speditionspritsche	4x2	3700	1967
W 50 L/S	Sattelzug	4x2	3200	1969
W 50 L/LF 16	Feuerlöschfahrzeug	4x2	3700	1968
W 50 L/DL 30	Drehleiter	4x2	3700	1969
W 50 LA/TLF 16	Tanklöschfahrzeug	4x4	3700	1969
W 50 L/Z	Zugmaschine	4x2	3200	1969
W 50 LA/Z2	Zugmaschine/Zweiseitenkipper	4x4	3200	1969
W 50 LA/Z3	Zugmaschine/Dreiseitenkipper	4x4	3200	1969
W 50 L/LB	Pritsche mit Ladebordwand	4x2	3200	1969
W 50 L/FP	Pritsche, langes Fahrerhaus	4x2	3700	1969
W 50 L/FPS	Fahrschulfahrzeug	4x2	3700	1969
W 50 L/W	Werkstattkoffer	4x2	3200	1969
W 50 L/MK	Möbelkoffer	4x2	3700	1969
W 50 LA/K-MK	Muldenkipper	4x4	3200	1969
W 50 L/KAF	Kadaverfahrzeug	4x2	3200	1970
W 50 L/RK	Kehrmaschine, Rechtslenkung	4x2	3200	1970
W 50 L/IKST	Kühlkoffer (Stickstoff)	4x2	3200	1970
W 50 L/LC	Ladekran Müllcontainer	4x2	3700	1970
W 50 L/SP	Sonderaufbau für sperrige Güter	4x2	3200	1971
W 50 L	Viehtransporter	4x2	3700	1972
W 50 L/BT	Bautruppfahrzeug	4x2	3200	1971
W 50 L/SM	Sattelauflieger Mehl/Mischfutter	4x2	3200	1971
W 50 LA/F	Güllefahrzeug	4x4	3200	1971

(Foto: Ralf Weibreich)

Der W 50 von 1975 bis 1990

(Foto: Ralf Weinreich)

1975 erschien schließlich der Autodrehkran ADK 70 vom VEB Maschinenbau »Karl Marx«, Babelsberg. Der auf dem Allrad-Fahrgestell ruhende 7-t-Kran wurde vom Fahrerhaus des W 50 aus bedient. Der Kran wurde dringend benötigt, waren doch seit dem Auslaufen der S 4000-1-Produktion in Werdau keine neuen Autodrehkräne mehr in der DDR entstanden.

Ebenfalls allradgetrieben kam im Jahr darauf das Abschlepp- und Bergefahrzeug, mit Aufbauten des VEB Spezialfahrzeugwerk Löbau, auf den Markt. Das Fahrzeug diente den Bezirksstädten »in erster Linie zur Bergung und zum Transport von Fahrzeugen, die gemäß den Bestimmungen der StVO die Fahrt mit eigener Kraft nicht mehr fortsetzen können oder dürfen«, wie es in einer offiziellen Fahrzeugvorstellung hieß.

Wesentliche Änderungen hatte es am Grundaufbau des W 50 in den 1970er Jahren übrigens nicht mehr gegeben. 1976 änderten sich die jetzt durch Explosionsumformung hochstromverschweißten U-Profile der Achsbrücken und der Motor erhielt etwa um die gleiche Zeit neue Silentblöcke zur Lagerung.

Einen neu gestalteten Werkstattkoffer vom VEB Spezialfahrzeugwerk Zittau setzten die Monteure ab 1977 auf das Allrad-Chassis, das in der laufenden Produktion immer mehr in den Vordergrund rückte. In diesem Jahr sprach man schon von 45 Varianten und 140 Ausführungen des W 50, die übrigens zu 80 % in 17 Länder exportiert wurden.

Rund 20.000 LKW betrug inzwischen die Jahresproduktion. In der Fahrzeugentwicklung, von weiteren Varianten abgesehen, war jedoch längst Stillstand eingekehrt. So kümmerten sich die Entwicklungsingenieure (soweit sie nicht mit dem Nachfolgemodell L 60 beschäftigt waren) Mitte 1980 »um die Lösung vielschichtiger Transportprobleme in den jungen Nationalstaaten«. Das Ergebnis waren die Fahrzeuge W 50 LA/PVB, ein mit einigen interessanten Details ausgestatteter Allrad-Pritschenwagen sehr militärischen Charakters, der W 50 LA/W-ND als Werkstattwagen mit Niederdruckbereifung und der W 50 LA/WT 80P mit einem 5000 Liter fassenden Wassertank, »für die Trockengebiete unseres Erdballs«, wie es in der

Mit maximal 17 m Hubhöhe und 7 t Last erschien 1975 der Autodrehkran ADK 70 auf dem W 50-Allradfahrgestell.

offiziellen Vorstellung aus Ludwigsfelde hieß. Diese speziellen Fahrzeuge für tropische und Wüstenregionen wurden aber auch gegen harte Währung in den Irak exportiert.

Zu Beginn der 1980er Jahre war der W 50 samt seinen Produktionsanlagen nicht nur veraltet, sondern letztere zu großen Teilen auch regelrecht verschlissen. Am LKW gab es nur noch »Gebrauchswerterhöhungen« und »Weiterentwicklungen«, die sich auf Minimalziele wie Kraftstoffeinsparung oder Verbesserung des Verhältnisses von Eigen- und Nutzmasse beriefen und es nicht wert sind, hier im Einzelnen aufgeführt zu werden.

1982 erschien der W 50 LA/R als Rechtslenker, wieder für die berühmten jungen Nationalstaaten, in den drei, zuvor beschriebenen, Ausführungen. Dazu kam ein neues Fahrzeug für den Transport von flüssigen Kraftstoffen, ebenfalls auf oben beschriebener Allrad-Basis, genauso wie der W 50 LA/ETK

Der Kranaufbau des ADK 70 kam aus dem Babelsberger Werk des Schwermaschinenbaukombinats TAKRAF.→

VEB SCHWERMASCHINENBAUKOMBINAT
TAKRAF
DEUTSCHE DEMOKRATISCHE REPUBLIK
AUTODREHKRAN
ADK 70-0
TAKRAF

Vom VEB Spezialfahrzeugwerk Löbau kamen die Aufbauten für das Abschlepp- und Bergefahrzeug.

1977 erhielt der W 50 einen neuen Werkstattkofferaufbau auf das Allradfahrgestell.

Die Niederdruckbereifung begann die Allradfahrzeuge zu dominieren und so war auch der Werkstattkoffer bald nur noch in dieser Ausführung zu sehen.

Ab in den Süden: 80 % der gesamten W 50-Fertigung ging in den Export, in den 1980er Jahren vornehmlich in die Dritte Welt.

Das gleich mitgelieferte Wassertankfahrzeug W 50 LA/WT 80P sollte die Wüsten dieser Erde in Oasen verwandeln.

1980 begann die große W 50-Offensive für »Junge Nationalstaaten«, die mittels ostdeutscher LKW von den Vorzügen des Sozialismus überzeugt werden sollten. Im Bild der W 50 LA/PVB.

als mobile Wäschereieinrichtung. Der Anteil der Allrad-Fahrzeuge an der Gesamtfertigung betrug inzwischen 60 %.

Auf Basis des Ladekran-W 50 erschien 1983 der Turmwagen mit isolierter Arbeitsbühne zum Einsatz im Oberleitungsbau.

Am 2. März des gleichen Jahres verließ der 250.000. Export-W 50 das Montageband. 30 Länder standen inzwischen auf der Liste der Außenhandelswirtschaft der DDR, darunter immer mehr Drittwelt-

Einige US-Soldaten begutachten im zweiten Golfkrieg während der Offensive »Desert Storm« 1991 einen außer Gefecht gesetzten Schützenpanzerwagen und einen W 50 der irakischen Armee.

Der W 50 LA mit Kühlkoffer in der ab 1980 gebauten Irak-Variante.

Staaten, die an das sozialistische Lager angebunden werden sollten und deshalb auch aus Ludwigsfelde reich beschenkt wurden. Aber: Länder wie Angola und Mosambik haben auch mit Warenlieferungen bezahlt. So kam es um die Weihnachtszeit stets zu Verhandlungen über zusätzliche Fahrzeuglieferungen, um Südfrüchte und Kaffee geliefert zu bekommen.

1976 wurden die Produktionsanlagen in Ludwigsfelde noch als modern gepriesen, wenige Jahre später begannen sie zu verschleißen.

Aus einem Prospekt für IFA-Spezialfahrzeuge von 1984 stammt dieses Bild des Tankfahrzeugs für brennbare Flüssigkeiten auf dem Allrad-Fahrgestell.

1982 brachte der Außenhandelsbetrieb Export-Import eine Prospektserie mit einigen neuen Sattelaufliegern heraus. Dazu zählte auch die Pritsche mit Ladebordwand.

So wurden sie zu Tausenden im Wüstensand begraben: W 50 LA/PVB-1-ND mit Stahlpritsche (und hochklappbaren Sitzbankreihen), Allradantrieb und Niederdruckbereifung.

Als 1984 der 400.000. W 50 produziert wurde, gehörte der ADK 80 mit 8 t Traggewicht (der W 50 LA/ADK 70 blieb weiter im Programm) zur Produktpalette. 1985, nach 20 Jahren W 50-Produktion, sprachen die Offiziellen von 59 Varianten und 240 Modifikationsmöglichkeiten!

In den Folgejahren passierte in Sachen W 50 so gut wie nichts mehr; die Einführung des L 60 kostete alle noch verfügbare Kraft. Lediglich einige Feuerwehrausführungen wurden überarbeitet bzw. ergänzt. 1990 endete die W 50-Produktion nach genau 571.800 gebauten Exemplaren.

Ohne jegliche Reklame musste eine andere Kategorie von W 50-Fahrzeugen auskommen, die innerhalb der DDR aber allgegenwärtig war: Die LKW für die Nationale Volksarmee, die Grenztruppen und das Ministerium des Innern (Volkspolizei, Staatssicherheit). Da diese Institutionen auch immer Liefervorrang hatten, knappsten sie der übrigen DDR-Wirtschaft neben dem Export weitere Fahrzeuge ab. Allerdings hielt sich der Einsatz des W 50 speziell bei der NVA in Grenzen, hier dominierten die sowjetischen Ural und Sil oder der tschechische Tatra.

Ein W 50 LA mit Niederdruckbereifung und einem Spezialstahlkoffer für den Katastrophenschutz. (Foto: Tobias Nordhausen, © CC-BY 2.0)

Gleich von Produktionsbeginn an gab es den Mannschaftstransporter W 50 L/A, dem mit Allradantrieb der W 50 LA/T/A folgte. Ansonsten wurden vor allem Tankfahrzeuge für Wasser oder Treibstoff eingesetzt. Außerdem waren Kofferfahrzeuge und W 50 mit Sonderaufbauten (Krane, Feuerwehr) gefragt.

Lastkraftwagen gegen Bananen und Kaffee. Auch dafür waren die W 50-Exporte in afrikanische Länder sehr wichtig für die DDR.

Maximal acht Tonnen konnte der ADK 80 am Ausleger tragen, der sich auf eine Länge von 16,5 m ausfahren ließ.

Der ADK 80 mit den Kranaufbauten aus Babelsberg blieb bis zum Ende der W 50-Fertigung im Programm und auch danach noch lange im Einsatz.
(Foto: Thomas Doerfer)

W 50 LA/TLF 16 GMK hieß ab 1984 das Tanklöschfahrzeug mit Metallkofferaufbau und Jalousien anstelle der Türen.

Ein Wassertankfahrzeug der NVA auf dem Allradfahrgestell mit normaler Bereifung.

Kein MG auf dem Dach, sondern die Spritze vom TLF 16, das Tanklöschfahrzeug im Dienste der NVA.

Das Basisfahrzeug für Militär und Polizei in der DDR war das Pritschfahrzeug, mit oder ohne Allradantrieb, für den Mannschaftstransport.
(Foto: Fotoarchiv Kunkel)

IFA W50

weltweit im Einsatz

in use worldwide

en service dans le monde entier

IFA mobile-DDR

Die W 50 Grundversionen wie sie in einem Posterprospekt von 1984 dargestellt wurden.

(Seiten 87-93)

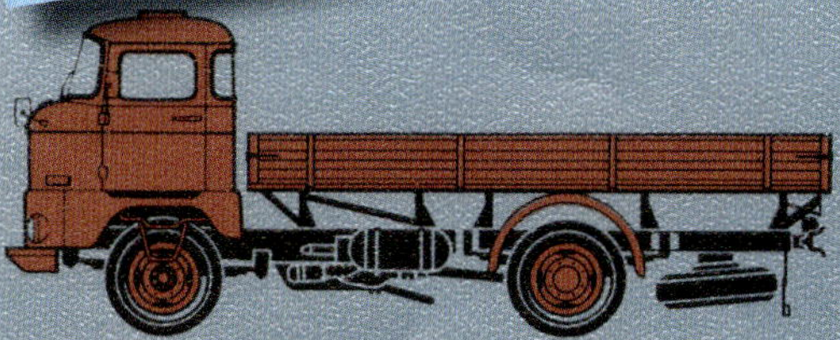

IFA-W 50 L
Pritschenfahrzeug 1), 2) ohne Planengestell und Plane
Грузовой автомобиль с платформой 1), 2) без рамы для брезента и брезента
Valníkové vozidlo 1), 2) bez plachtových vzpěr a plachty

IFA-W 50 L/NKP
Kofferfahrzeug mit Stahlleichtbaukoffer
Автомобиль с кузовом-фургоном стальной облегченной конструкции
Skříňové vozidlo se skříní lehké ocelové konstrukce

IFA-W 50 L
Pritschenfahrzeug 1), 2) mit Planengestell und Plane
Грузовой автомобиль с платформой 1), 2) с рамой для брезента и брезентом
Valníkové vozidlo 1), 2) s plachtovými vzpěrami a plachtou

IFA-W 50 L/IKB-1
Isothermkofferfahrzeug mit Stahlleichtbaukoffer
Автомобиль с изотермическим кузовом-фургоном облегченной стальной конструкции
Izotermické skříňové vozidlo se skříni lehké ocelové konstrukce

IFA-W 50 L/LB
Pritschenfahrzeug mit hydraulischer Ladebordwand 9), Planengestell und Plane
Грузовой автомобиль с платформой и гидравлическим погрузочным бортом 9), рамой для брезента и брезентом
Valníkové vozidlo s hydraulickým nakládacím čelem 9), plachtovými vzpěrami a plachtou

IFA-W 50 L/MK
Möbelkofferfahrzeug mit langem Fahrerhaus 10)
Автомобиль с кузовом-фургоном и длинной кабиной водителя 10) для перевозки мебели
Stěhovací vozidlo s dlouhou kabinou řidiče 10)

IFA-W 50 L/BTP
Bautruppfahrzeug 5) Post mit 10sitzigem Fahrerhaus
Грузовой автомобиль для перевозки рабочих-строителей 5) почтовых линий с 10-местной кабиной водителя
Montážní vůz 5) pro poštu s desetimístnou kabinou řidiče

IFA-W 50 L/W
Werkstattkofferfahrzeug 5)
Автомобиль-мастерская с кузовом-фургоном 5)
Dílenské skříňové vozidlo 5)

IFA-W 50 L/FPS
Fahrschulfahrzeug mit Doppellenkung und langem Fahrerhaus [10]
Учебный автомобиль с двойным рулевым управлением и длинной кабиной водителя [10]
Vozidlo pro autoškoly s dvojím řízením a dlouhou kabinou řidiče [10]

IFA-W 50 LA/PV
Pritschenfahrzeug mit Allradantrieb [5], [6] ohne Planengestell und Plane
Грузовой автомобиль с платформой и приводом [5], [6] всех колес, без рамы для брезента и брезента
Valníkové vozidlo s pohonem na všechna kola [5], [6] bez plachtových vzpěr a plachty

IFA-W 50 LA/PV
Pritschenfahrzeug mit Allradantrieb [5], [6] mit Planengestell und Plane
Грузовой автомобиль с платформой и приводом всех колес [5], [6], с рамой для брезента и брезентом
Valníkové vozidlo s pohonem na všechna kola [5], [6] s plachtovými vzpěrami a plachtou

IFA-W 50 LA/PV-ND
ND
Pritschenfahrzeug [5], [6] mit Allradantrieb und Niederdruckbereifung, mit Planengestell und Plane
Грузовой автомобиль с платформой [5], [6] с приводом всех колес и шинами пониженного давления, с рамой для брезента и брезентом
Valníkové vozidlo [5], [6] s pohonem na všechna kola a nízkotlakými pneumatikami, s plachtovými vzpěrami a plachtou

IFA-W 50 LA/PVB
Pritschenfahrzeug [5], [6] mit Allradantrieb und Stahlblech-Pritsche, mit Planengestell und Plane
Грузовой автомобиль [5], [6] с платформой из листовой стали и приводом всех колес, с рамой для брезента и брезентом
Valníkové vozidlo [5], [6] s pohonem na všechna kola a valníkem z

1) Wahlweise mit oder ohne Differentialsperre
2) Mit Vorbauschneepflug ausrüstbar
4) Wahlweise mit Schlammsaug-Ausrüstung
5) Mit Differentialsperre
6) Mit hydraulischer Lenkhilfe
7) Zugfahrzeug für Auflieger ohne besondere Kombinationsbedingungen
8) Nicht für unter Druck stehende Flüssigkeiten
9) Wahlweise mit leichtem oder schwerem Nebenabtrieb
10) 4 Sitze bzw. 2 Sitze und 2 Schlafliegen
11) Zur Ausrüstung mit Düngerstreuaufsatz D 032 geeignet
12) Zur Ausrüstung mit Schwerhäckselaufbau SHA 16 geeignet

1) По выбору с блокировкой дифференциала и без нее
2) Может оснащаться передним плужным снегоочистителем
4) По выбору с оснащением для сбора грязи (шлама)
5) С блокировкой дифференциала
6) С гидравлическим усилителем рулевого привода
7) Тяговый автомобиль для полуприцепа без особых условий комбинир
8) Не пригоден для жидкостей, находящихся под давлением
9) По выбору с легким или тяжелым вспомогательным отводом
10) 4 сиденья или 2 сиденья и 2 спальных места
11) Пригоден для оснащения надстройкой для рассеивания удобрений D
12) Пригоден для оснащения пристройкой для тяжелой измельченной з массы SHA 16

1) Volitelně se závěrem diferenciálu nebo bez závěru diferenciálu
2) Vybavitelné předsunutým sněhovým pluhem
4) Volitelně s vybavením pro nasávání kalu
5) Se závěrem diferenciálu
6) S hydraulickým posilovačem řízení
7) Tahač pro návěsy bez zvláštních podmínek pro kombinaci
8) Nehodí se pro kapaliny pod tlakem
9) Volitelně s lehkým nebo těžkým vedlejším výstupem
10) 4 sedadla popř. 2 sedadla a 2 lůžka
11) Vhodné pro vybavení rozmetadlem hnojiv D 032
12) Vhodné pro vybavení nástavbou na pořezanou zelenou hmotu SHA 16

Hinterradantrieb
Привод к задним колесам
Pohon zadních kol

Allradantrieb
Привод всех колес
Pohon na všechna kola

3200-mm-Radstand
Расстояние между осями колес 3200 мм
Rozvor kol 3200 mm

3700-mm-Radstand
Расстояние между осями колес 3700 мм
Rozvor kol 3700 mm

ND
Niederdruckbereifung
Шины пониженного давления
Nízkotlaké pneumatiky

IFA-W 50 L/Sp
Speditionsfahrzeug mit geteilter Bordwand, ohne Planengestell und Plane
Экспедиционно-транспортный автомобиль с разделенным бортом, без рамы для брезента и брезента
Vozidlo pro nákladní dopravu s dělenou bočnicí, bez plachtových vzpěr a plachty

IFA-W 50 LA/W-ND
ND
Werkstattkofferfahrzeug 5), 6) mit Stahlleichtbaukoffer, Allradantrieb und Niederdruckbereifung
Автомобиль-мастерская с кузовом-фургоном 5), 6), с приводом всех колес и шинами пониженного давления (облегченная стальная конструкция)
Dílenské skříňové vozidlo 5), 6) se skříní lehké ocelové konstrukce pohonem na všechna kola a nízkotlakými pneumatikami

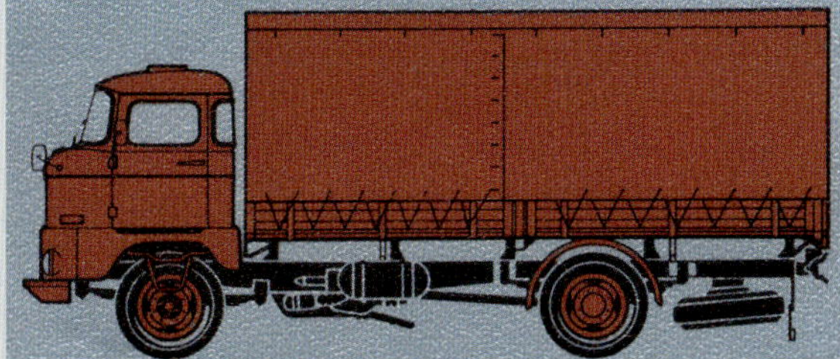

IFA-W 50 L/Sp
Speditionsfahrzeug mit geteilter Bordwand, mit Planengestell und Plane
Экспедиционно-транспортный автомобиль с разделенным бортом, рамой для брезента и брезентом
Vozidlo pro nákladní dopravu s dělenou bočnicí, plachtovými vzpěrami a plachtou

IFA-W 50 LA/ETK
Kofferfahrzeug 5), 6) mit Stahlleichtbaukoffer und Allradantrieb
Автомобиль с кузовом-фургоном стальной облегченной конструкции 5), 6) и приводом всех колес
Skříňové vozidlo 5), 6) se skříní lehké ocelové konstrukce s pohone na všechna kola

IFA-W 50 L/L-LDK 1250
Pritschenfahrzeug mit hydraulischem Ladekran LDK 1250 9)
Грузовой автомобиль с платформой и гидравлическим погрузочным краном LDK 1250 9)
Valníkové vozidlo s hydraulickým nakládacím jeřábem LDK 1250 9)

IFA-W 50 L/FP
Pritschenfahrzeug mit langem Fahrerhaus 10), ohne Planengestell und Plane
Грузовой автомобиль с платформой и длинной кабиной водителя 10), без рамы для брезента и брезента
Valníkové vozidlo s dlouhou kabinou řidiče 10), bez plachtových vzpěr a plachty

IFA-W 50 L/FP
Pritschenfahrzeug mit langem Fahrerhaus 10), mit Planengestell und Plane
Грузовой автомобиль с платформой и длинной кабиной водителя 10), с рамой для брезента и брезентом
Valníkové vozidlo s dlouhou kabinou řidiče 10), s plachtovými vzpěrami a plachtou

IFA-W 50 L/LC
Müllcontainerfahrzeug mit hydraulischem Ladekran [9]
Автомобиль для вывозни мусора в контейнерах с гидравлическим погрузочным краном [9]
Vozidlo na sběr odpadků s hydraulickým nakládacím jeřábem [9]

IFA-W 50 L/F
Fäkalienfahrzeug [2], [4], [5], [9]
Ассенизационный автомобиль [2], [4], [5], [9]
Fekální vozidlo [2], [4], [5], [9]

IFA-W 50 LA/AB
Abschlepp- und Bergefahrzeug [5], [6], [9] mit Allradantrieb
Автомобиль-тягач и автомобиль аварийной службы [5], [6], [9] с приводом всех колес
Vyproštovací a odtahpvací vozidlo [5], [6], [9] s pohonem na všechna kola

IFA-W 50 LA/F
Güllefahrzeug [5], [6], [9] mit Allradantrieb
Автомобиль для перевозки жидкого навоза [5], [6], [9] с приводом всех колес
Kejdovací vozidlo [5], [6], [9] s pohonem na všechna kola

IFA-W 50 LA/KT
Kraftstofftankfahrzeug [5], [6], [9] mit Allradantrieb
Автомобиль-цистерна для топлива [5], [6], [9] привод всех колес
cisternový automobil [5], [6], [9] na přepravu pohonných látek pohon na všechna kola

IFA-W 50 LA/WT 80 P
Wassertankfahrzeug [5], [6], [9] mit Allradantrieb und Pumpe
Автомобиль-цистерна для перевозки воды [5], [6], [9] с приводом всех колес и насосом
Cisternový vůz na vodu [5], [6], [9] s pohonem na všechna kola čerpadlem

IFA-ADK 80-0
Autodrehkran [5], [9] mit Allradantrieb
Грузовой автомобиль с поворотным краном [5], [9] привод всех колес
automobilový jeřáb [5], [9] pohon na všechna kola

IFA-W 50 L/KAF
Kadaverfahrzeug [5], [9]
Автомобиль для перевозки туш павших животных [5],
Vozidlo pro přepravu zdechlin [5], [9]

IFA-W 50 L/S HLS 100.02
Sattelzugmaschine mit Sattelauflieger, Pritschenaufbau ohne Planengestell und Plane
Седельный тягач с полуприцепом
Пристройка платформы без рамы для брезента и брезента
Návěsový tahač s návěsem s valníkovou nástavbou, bez plachtových vzpěr a plachty

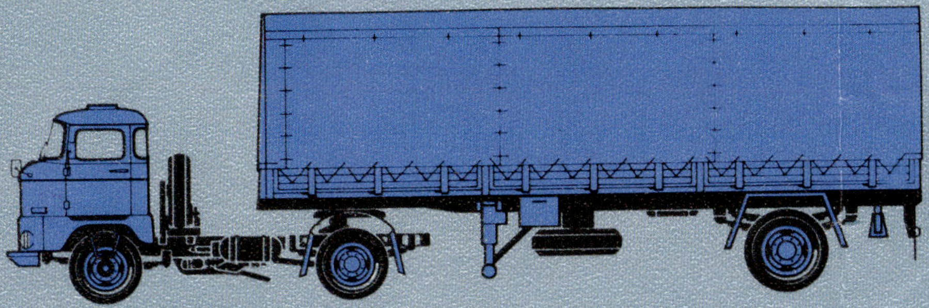

IFA-W 50 L/S HLS 100.02
Sattelzugmaschine mit Sattelauflieger, Pritschenaufbau mit Planengestell und Plane
Седельный тягач с полуприцепом
Пристройка платформы с рамой для брезента и брезентом
Návěsový tahač s návěsem s valníkovou nástavbou, plachtovými vzpěrami a plachtou

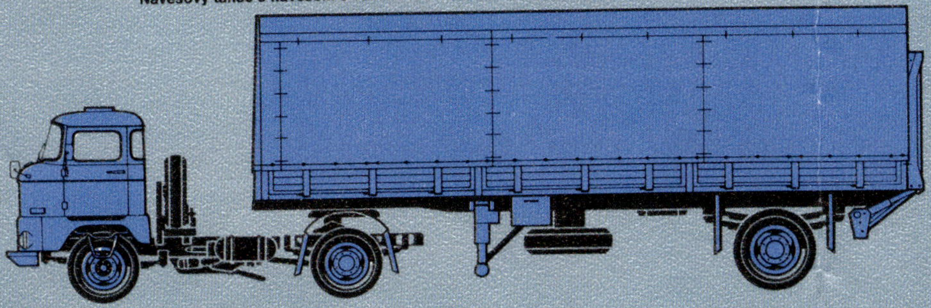

IFA-W 50 L/S HLS 100.09
Sattelzugmaschine mit Sattelauflieger Pritschenaufbau mit hydraulischer Ladebordwand, mit Planengestell und Plane 9)
Седельный тягач с полуприцепом Пристройка платформы с гидравлическим погрузочным бортом, рамой для брезента и брезентом 9) Návěsový tahač s návěsem s vainíkovou nástavbou, hydraulickým nakládacím čelem, plachto-vými vzpěrami a plachtou 9)

IFA-W 50 L/SM-1 HLS 100.48/1
Sattelzugmaschine mit Sattelauflieger zum Transport von Mischfutter
Седельный тягач с полуприцепом для транспортировки комбикормов
Návěsový tahač s návěsem pro přepravu krmné směsi

IFA-W 50 L/SM-2 HLS 90.48/2
Sattelzugmaschine mit Sattelauflieger zum Transport von Mehl
Седельный тягач с полуприцепом для транспортировки муки
Návěsový tahač s návěsem pro přepravu mouky

IFA-W 50 L/S
Sattelzugmaschine 5), 7), 9)
Седельный тягач 5), 7), 9)
Návěsový tahač 5), 7), 9)

IFA-W 50 L/S HLS 90.45/1
Sattelzugmaschine mit Sattelauflieger zum Transport von Milch
Седельный тягач с полуприцепом для транспортировки молока
Návěsový tahač s návěsem pro přepravu mléka

IFA-W 50 L/S HLS 90.45/4
Sattelzugmaschine mit Sattelauflieger zum Transport von Bier
Седельный тягач с полуприцепом для транспортировки пива
Návěsový tahač s návěsem pro přepravu piva

IFA-W 50 L/S HLS 90.45/5
Sattelzugmaschine mit Flüssigkeitstank-Sattelauflieger 5), 8), 9)
Седельный тягач с прицепом-цистерной для перевозки жидкостей 5), 8), 9)
Návěsový tahač s cisternovým návěsem na kapaliny 5), 8), 9)

IFA-W 50 L/S-FB HLS 100.45/2
Sattelzugmaschine 5), 9) mit Sattelauflieger zum Transport von Kraftstoff
Седельный тягач 5), 9) с полуприцепом для транспортировки топлива
Návěsový tahač 5), 9) s návěsem pro přepravu pohonných hmot

IFA-W 50 L/DL 30
Kraftfahrdrehleiter DL 30 5), 9) für Besatzung 1+5 Personen
Автомобильная поворотная лестница DL 30 5), 9) для экипажа 1–5 человек
Otočný automobilový žebřík DL 30 5), 9) pro posádku 1+5 osob

IFA-W 50 L/LF 16
Löschgruppenfahrzeug LF 16 5), 6), 9) für Löschgruppe 1+9 Personen
Автомобиль для пожарной команды LF 16 5), 6), 9) для группы, состоящей из 1–9 человек
Hasicí vozidlo LF 16 5), 6), 9) pro hasicí skupinu 1+9 osob

IFA-W 50 LA/TLF 16
Tanklöschfahrzeug TLF 16 5), 6), 9) für Löschgruppe 1+5 Personen mit Allradantrieb
Пожарный автомобиль-цистерна TLF 16 5), 6), 9) с приводом всех колес для пожарной команды из 1–5 человек
Cisternové požární vozidlo TLF 16 5), 6), 9) pro hasicí skupinu 1+5 osob, s pohonem na všechna kola

ND

IFA-W 50 LA/Z 2 SK 5-ND
Zweiseitenkipper 5), 6), 9), 11), 12) mit Allradantrieb, auf 12 Mp erhöhte Zugleistung und Niederdruckbereifung
Самосвал с двухсторонним опрокидыванием 5), 6), 9), 11), 12), приводом всех колес, увеличенной на 12 тс тяговой мощностью и шинами пониженного давления
Dvoustranný sklápěč 5), 6), 9), 11), 12) s pohonem na všechna kola tažným výkonem zvýšeným na 12 Mp a nízkotlakými pneumatikami

ND

IFA-W 50 LA/Z 3 SK 5-ND
Dreiseitenkipper 5), 6), 9), 11), 12) mit Allradantrieb, auf 12 Mp erhöhte Zugleistung und Niederdruckbereifung
Самосвал с трехсторонним опрокидыванием 5), 6), 9), 11), 12), приводом всех колес, увеличенной на 12 тс тяговой мощностью и шинами пониженного давления
Třístranný sklápěč 5), 6), 9), 11), 12) s pohonem na všechna kola, tažným výkonem zvýšeným na 12 Mp a nízkotlakými pneumatikami

IFA-W 50 L/K 3 SK 5
Dreiseitenkipper 5), 9)
Самосвал с трехсторонним опрокидыванием 5), 9)
Třístranný sklápěč 5), 9)

IFA-W 50 LA/K 3 SK 5
Dreiseitenkipper 5), 6), 9), 11), 12) mit Allradantrieb
Самосвал с трехсторонним опрокидыванием 5), 6), 9), 11), 12) и приводом всех колес
Třístranný sklápěč 5), 6), 9), 11), 12) s pohonem na všechna kola

IFA-W 50 LA/Z 3 SK 5
Dreiseitenkipper 5), 6), 9), 11), 12) mit Allradantrieb und auf 16 Mp erhöhte Zugleistung
Самосвал с трехсторонним опрокидыванием 5), 6), 9), 11), 12), приводом всех колес и увеличенной на 16 тс тяговой мощностью
Třístranný sklápěč 5), 6), 9), 11), 12) s pohonem na všechna kola a tažným výkonem zvýšeným na 16 Mp

IFA-W 50 LA/K-MK 5/6
Muldenkipper 5), 6), 9) mit Allradantrieb
Автомобиль-самосвал с корытообразным кузовом 5), 6), 9) с приводом всех колес
Korbový sklápěč 5), 6), 9) s pohonem na všechna kola

Die W 50-Varianten ab 1975 (ohne Anspruch auf Vollständigkeit)				
Typ	Aufbau	Antrieb	Radstand (mm)	ab Baujahr
W 50 LA/ADK 70	Autodrehkran	4x4	3700	1975
W 50 LA/AB	Abschlepp- und Bergefahrzeug	4x4	3200	1976
W 50 LA/W	Werkstattkoffer	4x4	3200	1977
W 50 LA/PVB	Pritsche, Tropenausführung	4x4	3200	1980
W 50 LA/W-ND	Werkstattkoffer, Niederdruckbereifung	4x4	3200	1980
W 50 LA/WT80P	Wassertank	4x4	3200	1980
W 50 LA/R	Rechtslenker in den drei obigen Ausführungen	4x4	3200	1982
W 50 LA/KT	Tank für brennbare Flüssigkeiten	4x4	3200	1982
W 50 LA/ETK	Wäschereifahrzeug	4x4	3200	1982
W 50 LA/ADK 80	Autodrehkran	4x4	3700	1984
W 50 L/TLF 16 GMK	Tanklöschfahrzeug (Koffer in Ganzstahl)	4x2	3700	1985
W 50 L/DL 30/K	Drehleiter mit Einmannkorb	4x2	3700	1985
W 50 L/DL 30/01	Drehleiter mit Geräteraum	4x2	3700	1989
W 50 LA/TLF 16	Tanklöschfahrzeug	4x4	3700	1969
W 50 L/Z	Zugmaschine	4x2	3200	1969
W 50 LA/Z2	Zugmaschine/Zweiseitenkipper	4x4	3200	1969
W 50 LA/Z3	Zugmaschine/Dreiseitenkipper	4x4	3200	1969
W 50 L/LB	Pritsche mit Ladebordwand	4x2	3200	1969
W 50 L/FP	Pritsche, langes Fahrerhaus	4x2	3700	1969
W 50 L/FPS	Fahrschulfahrzeug	4x2	3700	1969
W 50 L/W	Werkstattkoffer	4x2	3200	1969
W 50 L/MK	Möbelkoffer	4x2	3700	1969
W 50 LA/K-MK	Muldenkipper	4x4	3200	1969
W 50 L/KAF	Kadaverfahrzeug	4x2	3200	1970
W 50 L/RK	Kehrmaschine, Rechtslenkung	4x2	3200	1970
W 50 L/IKST	Kühlkoffer (Stickstoff)	4x2	3200	1970
W 50 L/LC	Ladekran Müllcontainer	4x2	3700	1970
W 50 L/SP	Sonderaufbau für sperrige Güter	4x2	3200	1971
W 50 L	Viehtransporter	4x2	3700	1972
W 50 L/BT	Bautruppfahrzeug	4x2	3200	1971
W 50 L/SM	Sattelauflieger Mehl/Mischfutter	4x2	3200	1971
W 50 LA/F	Güllefahrzeug	4x4	3200	1971

Foto: Ralf Weinreich

Foto: Ralf Weinreich

Der Ikarus 211

Foto: Ralf Weinreich

Selbst für Eingeweihte etwas überraschend, zeigte das ungarische Außenhandelsunternehmen Mogürt 1974 auf der Landwirtschaftsausstellung »agra« in Leipzig-Markleeberg erstmals den Prototypen eines mittleren Omnibusses mit dem 125-PS-Dieselmotor und vielen anderen Details des DDR-LKW IFA W 50. Zu dieser Zeit war ein Serienstart mit drei Bus-Versionen von 25 bis 43 Sitzplätzen für das 2. Quartal 1975 geplant.

Der erste Prototyp war als Kurzstreckentransporter für Arbeitskräfte in Industrie und Landwirtschaft im ländlichen Raum mit so genannten Kurzstrecken-Sitzbänken ausgerüstet. Weiterhin sollte es einen Stadtbus mit Gepäckraum in der Bodengruppe und zwei Einstiegstüren auf der rechten Seite sowie einen komfortablen Reisebus für 25 Passagiere mit Einzelsitzen, Kühlschrank und Kleiderablage geben. Der Bus war nur 8,5 m lang und 2,5 m breit, wog 6,5 t, durfte weitere 3,5 t zuladen und erreichte dann immer noch knapp die Höchstgeschwindigkeit von 90 km/h.

Im Sommer 1975 stand dann zuerst nur die Typenbezeichnung Ikarus/IFA 211.51 fest, wobei die 51 die DDR-Version des im ungarischen Ikarus-Werk Budapest-Matyasföld montierten Busses kennzeichnete. Dabei machten vor allem die zwei Fahrgasttüren bei der DDR-Ausführung (auch für die meisten anderen Exportländer) gegenüber der einen in der ungarischen Version den eigentlichen Unterschied aus.

Zwar rühmte man allerorts die kurze Entwicklungszeit von etwa zehn Monaten bis zur Fertigstellung des ersten Prototyps, aber die Serienfertigung mit anfangs bescheidenen Stückzahlen begann erst 1976.

53 Baugruppen aus Trieb- und Fahrwerk des W 50 fanden bei der Endmontage Eingang; vom im Heck untergebrachten Motor, über die Hinterachse (180° gedreht), die Vorderachse mit verlängertem Achskörper bis hin zur Blattfederung und den Brems- und Kraftübertragungselementen, die natürlich der Fahrzeuglänge angepasst worden waren.

In den ersten Produktionsjahren kam in der DDR, entgegen früheren Plänen, ausschließlich die Linienbus-Ausführung mit 35 Sitz- und 3 Stehplätzen auf die Straßen. Dabei schloss dieser Bus eine empfindliche Lücke, nachdem der Vorgänger in dieser Kompaktklasse, der Ikarus 311, seit 1972 nicht mehr produziert wurde. Erst zu Beginn der 1980er Jahre gab es dann auch einige Ausführungen des in Ganzstahlsegmentbauweise ausgeführten Busses in der Variante Reisebus. Während Fahr- und Triebwerk nahezu unverändert blieben, erfuhr der Bus im Laufe seiner Produktionszeit einige Schönheitsoperationen.

Bis 1989 blieb der 211er im Programm und gut 1000 Exemplare wurden in die DDR »reimportiert«.

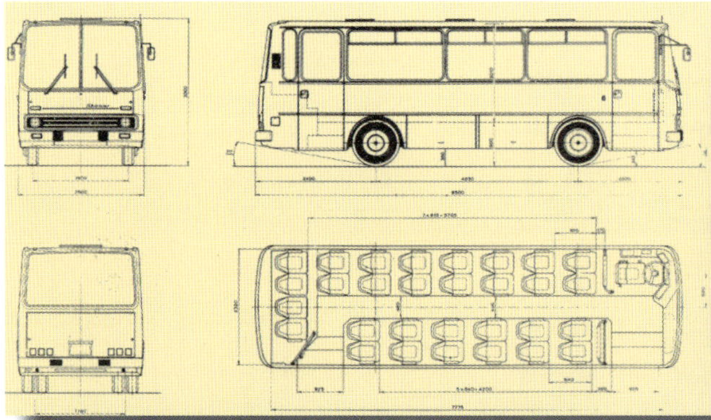

Während der kleine Bus in Ungarn nur mit einer vorderen Tür ausgeliefert wurde, hatten die Exportausführungen (auch die für die DDR) zwei Türen.

In dieser Ausführung als Kurzstreckentransporter präsentierte Ikarus 1974 den Typ 211 erstmals auf der »agra« in Markleeberg.

Die Ikarus-Werke in Ungarn waren größter Busproduzent des Ostblocks. Der 211er (hier die ungarische Version) spielte da in der Produktionsstatistik eine eher untergeordnete Rolle.

Die noch weit nach der Jahrtausendwende im Einsatz befindlichen Ikarus-Busse stehen auch für die Langlebigkeit der Ludwigsfelder Komponenten.

In einigen Ostblockländern (das Foto entstand in Kiew) gehörte der Ikarus 211 noch sehr lange zum normalen Straßenbild. (Foto: Foma, © CC-BY-SA 3.0)

Zwei 211er mit Ostberliner Kennzeichen auf dem Platz vor »Erichs Lampenladen«, auch »Ballast der Republik« genannt.

IFA
Ikarus
Z11

Auch ein Bus: Vor allem für die Forstwirtschaft und deren innerbetrieblichen Arbeiter-Transport wurden verschiedene »Busaufbauten« auf W 50-Fahrgestelle gesetzt.

Die Kehrmaschine KM 2301

Foto: Ralf Weinreich

1970 war ja der W 50 als Kehrmaschine mit Rechtslenkung erschienen. Die Kehrtechnik kam dabei aus dem VEB Spezialfahrzeugbau Berlin, das dann elf Jahre später auf der Leipziger Herbstmesse 1981 eine völlig neu entwickelte Kehrmaschine präsentierte, die äußerlich nichts mit dem Ludwigsfelder LKW zu tun zu haben schien. Dem war allerdings nicht so, sowohl der Motor als auch diverse Fahrwerkskomponenten (Radstand 3200 mm wie Basis-W 50) stammten aus der W 50-Fertigung. Und der Fahrmotor des Fahrzeugs trieb jetzt auch, anders als bei früheren Kehrmaschinen, bei denen noch ein zweiter, kleinerer Dieselmotor eingebaut war, die Kehrtechnik an. Hierbei war dem Wechselgetriebe des Fahrgestells noch ein Umschaltgetriebe nachgeschaltet, mit dem elektropneumatisch auf Kehrfahrt oder Transportfahrt umgeschaltet werden konnte. Der Außenhandel vergaß hierbei nicht zu erwähnen, dass die Motor-Getriebe-Konstellation der neuen Kehrmaschine auch den Einsatz anderer Fahrgestelle (eventuell westlicher Hersteller) ermöglichte.

Das Auffälligste an dem neuen Kommunalfahrzeug war zweifellos die Fahrerkabine, die der Fahrer mittels Schiebetüren sehr bequem besteigen oder verlassen konnte. Auch sonst war es für das Personal in der staubgeschützten Kabine mit guter Sicht, geringen Innengeräuschen, guter Belüftung und noch besserer Heizung recht erträglich.

Die KM 2301 löste 1982 nach 2845 gebauten W 50-Kehrmaschinen Typ 21 D dieses Modell ab. Mit dem Nachfolgemodell 2302 wurde dann von 1990 bis 1992 der Versuch unternommen, unter Verwendung westlicher Fahrgestelle für die Kehrmaschine deren Geschichte fortzuschreiben.

Der tiefere Einblick in die Technik lässt erahnen, dass da ein W 50-Fahrgestell mit einbezogen ist.

Die DDR Frontlenker-Legende

Die KM 2301 präsentierte sich 1982 mit einem modernen Kehrmaschinen-Fahrerhaus.

Durch ein dem Wechselgetriebe nachgeschaltetes Umschaltgetriebe war es der Kehrmaschine möglich mit nur einem Dieselmotor für Fahr- und Arbeitsbetrieb auszukommen.↓

W 50-Nachfolger gesucht

Ab 1971 entstanden erste L 60-Prototypen nach den Entwürfen des Designer-Duos Rudolph & Dietel. Im Bild ein 6 x 6 Pritschenfahrzeug mit Niederdruckbereifung.

Obgleich man schon 1965 gewusst hatte, dass der W 50 eigentlich untermotorisiert war, dauerte es fast 22 Jahre, ehe es endlich ein kräftigeres Triebwerk für den Ludwigsfelder LKW gab. Dem Milliarden-Kredit der Bundesrepublik sei Dank! Doch dem W 50 erging es wie anderen Kraftfahrzeug-Neuentwicklungen Ende der 1980er Jahre in der DDR: Weil das Geld eben gerade für den Motor und das dazu passende Fahrwerk reichte, musste auf ein neues Kleid drum herum verzichtet werden.

Dabei hatte es Ansätze, die äußere Form des W 50 zu modernisieren, sogar schon vor Serienbeginn des LKW gegeben. Das Berlin/Chemnitzer Designer-Duo Rudolph & Dietel lieferte 1964, 1967 und 1971 die so genannten »3 Generationen« von Modellstudien ab. Zwar hoch gelobt, verschwanden sie aber allesamt in der Mottenkiste – modern aussehende Kraftfahrzeuge auf mehr als zwei Rädern durfte es in der DDR seit Mitte der 1960er Jahre nicht mehr geben. Deswegen waren sowohl Nachfolgemodelle für den Wartburg wie auch für den Trabant gescheitert. Lediglich Simson konnte 1975 eine neue Mokick-Reihe mit Designanleihen von Rudolph & Dietel auf den Markt bringen.

Dabei hatten die Ingenieure der Entwicklungs- und Versuchsabteilung in Ludwigsfelde niemals aufgegeben. 1971 war der erste Prototyp – eben mit besagter Karosserieform von Rudolph & Dietel – entstanden. 1975 folgten weitere Prototypen, die auf gemeinsam mit Robur in Zittau hergestellten Bauteilen fußten.

Eine ähnlich lange Anlaufzeit brauchten die Motorenhersteller des VEB IFA-Motorenwerke Nordhausen. 1968, 1971 und 1974 hatte es schon mal drei verschiedene 6-Zylinder-Diesel-Projekte gegeben, die durchaus verheißungsvoll waren, deren Notwendigkeit aber staatlicherseits nicht anerkannt wurde. 1980 begann man in Nordhausen dann mit einer neuen Entwicklungsreihe, die schließlich zum LKW-Aggregat führte. Da die Nordhäuser erst ab April 1987 mit der Serienfertigung des Motors begannen, konnte auch in Ludwigsfelde erst danach (im Juni) mit der Montage des L 60, als potentiellen W 50-Nachfolger – der er mit nur rund 20.000 produzierten Einheiten aber nie werden sollte – begonnen werden.

Die geplante Militärvariante des 6 x 6-Lkw mit Niederdruckbereifung.

Zwei weitere Musterfahrzeuge, eins schon mit Langfahrerhaus und beide jetzt mit kantigen Kotflügeln.

1975 versuchte die VVB Automobilbau vergeblich, zusammen mit Ludwigsfelde und Zittau (Robur) eine neue LKW-Generation auf die Räder zu stellen. Hier ein Satteltankauflieger aus dem Musterbau.

Auch ein Kofferfahrzeug mit zwei Achsen und Heckantrieb war aufgebaut worden.

1977 kam die Idee auf, Fahrerhäuser von Volvo für die neuen DDR-Lkw einzusetzen. Links ein solcher Prototyp auf einem W 50-Fahrgestell, rechts der L 60-Prototyp mit Kofferaufbau.

Der neue und durchaus moderne Sechszylinder-Motor mit gut 9 Litern Hubraum und der Bezeichnung 6 VD 13,5/12 SRF war in Nordhausen entwickelt worden und stand erst ab April 1987 zur Verfügung.

Der »neue« L 60

(Foto: Matti Blume, © CC-BY-SA 4.0)

Klar, dass der neue LKW seine Bezeichnung der Stadt Ludwigsfelde und den sechs Tonnen Nutzlast zu verdanken hatte.

9160 cm3 Hubraum wies der neue Direkteinspritzer-Diesel, mit der Bezeichnung 6VD 13,5/12 SRF, auf. Der Saugmotor (eine Abgasturboladung war vorbereitet, kam aber nicht mehr zum Einsatz) erreichte 180 PS bei 2300 U/min und bei 1250 U/min sein maximales Drehmoment von 63 kpm. Der Motor wartete mit einer Reihe interessanter Details auf und konnte durchaus als modern eingestuft werden: Kolben aus Kugelgraphitguss, Einstrahl-Einspritzventil (DDR-Patent) mit Reihenblock-Einspritzpumpe oder die Ölwanne aus Leichtmetallguss mit integriertem Evolventen-Öl-Wasser-Wärmeüberträger, die auch unter härtesten Bedingungen für eine ausreichende Ölversorgung sorgte.

Der L60 hatte von Serienbeginn an ein 8-Gang-Getriebe, bestehend aus einem 5-Gang-Wechselgetriebe mit angeflanschter Planeten-Nachschaltgruppe und integriertem Verteilergetriebe. Die 4x2-Variante hatte dementsprechend nur eine an das Wechselgetriebe angeflanschte Nachschaltgruppe.

Um das jetzt längere Triebwerk unter dem nun nach vorn kippbaren (50°) Fahrerhaus unterzubringen, musste dieses auf dem veränderten Rahmen weiter vor die Vorderachse (230 mm) gesetzt werden. Da zunächst mit der Allrad-Variante gestartet wurde (erst 1989 kam das Standard-Fahrzeug mit Hinterradantrieb), blieb der W 50-Radstand von 3200 mm zunächst unverändert. Das Wechsel-Getriebe mit 8 Gängen (1.–4. langsame Gruppe, 5.–8. schnelle Gruppe) war eine Neukonstruktion des Getriebewerkes Brandenburg. Zu den normalen Vorwärtsgängen kam ein extrem langsamer Crawler-Gang und ein normaler Rückwärtsgang. Das Getriebe war wiederum getrennt vom Motor an einer Dreipunktlagerung am Rahmen befestigt.

Die Achsbrücken der Planetengetriebe-Achsen bestanden aus Kugelgraphitguss. Durch jeweils zwei unterschiedliche Übersetzungen des Kegel- und des Planetengetriebes sollten künftig vier Achsübersetzungen realisiert werden – genutzt wurden schließlich nur die Übersetzungen 5,33 und 6,04.

Das Schnittmodell des 180 PS starken L 60 Motors steht im IFA-Museum in Nordhausen.

Der Rahmen war, anders als beim W 50, als Leiterrahmen mit U-förmigen Längsträgern ausgebildet. Während die Blattfederung nur gering modifiziert vom W 50 übernommen wurde, kam eine völlig neue Bremsanlage mit jetzt getrennten Bremskreisen vorn und hinten zum Einsatz. Auch die Lenkung war nun mit einer modernen Lenkunterstützung ausgerüstet. Und das neue Innenleben des alten Fahrerhauses machte es dem W 60-Lenker sowieso viel gemütlicher. Die flache Motorabdeckung ließ zum Beispiel einen dritten Sitz zu, der Schwingsitz des Fahrers war bequemer und der Geräuschpegel deutlich geringer geworden.

Mit vier Varianten startete die bescheidene L 60-Produktion: Pritsche, Koffer, Wassertank und Kraftstofftank. Die Holzpritsche hatte beim L 60 ausgedient. Natürlich deichselten die Parteioffiziere in und um Ludwigsfelde den Stapellauf des ersten L 60 so, dass es gleichzeitig der 500.000. LKW war, der in der DDR auf märkischem Boden entstand.

Schon ein Vierteljahr nach Produktionsanlauf wurden auf der Leipziger Herbstmesse 1987 weitere Varianten des Sechszylinder-Diesel-LKW präsentiert: Dreiseitenkipper Allrad, Dreiseitenkipper, Pritschenfahrzeug, Kofferfahrzeug und Sattelzugmaschine – alle mit Heckantrieb.

Vor 1989 gab es jedoch von keinem dieser Typen eine Serienproduktion; der Heckantrieb konnte erst ab April 1989 realisiert werden, ebenso wie die Fertigung eines neuen Autodrehkrans mit 10 t Tragfähigkeit und der Bezeichnung L 60 LA/ADK 100 (eine Gemeinschaftsarbeit des VEB Maschinenbau »Karl Marx« Babelsberg und dem VEB Kranbau Eberswalde TAKRAF). Im Gegensatz zu den Kranen auf W 50-Fahrgestellen bediente man diesen Kran von einer links auf dem Drehtisch montierten Krankabine aus.

Es folgten noch Militär-Ausführungen mit speziellem Gelände-Trimm, die nun mit den zuvor aufgeführten Fahrzeugen ab Frühjahr 1989 über ein neues 8-Gang-Planetengetriebe verfügten.

Das musste mit einem schönen achtseitigen Farbprospekt – natürlich vor allem für die Exportkundschaft gedacht – gefeiert werden: Der neue L 60 erschien im Frühjahr 1987.

Die neue Nutzkraftwagen-Generation aus Ludwigsfelde ist da

Das Ergebnis zielstrebiger Entwicklungsarbeit und jahrzehntelanger Produktionserfahrung ist ein neuer Fahrzeugtyp der Mittelklasse, der durch ausgezeichnete technische und ökonomische Werte in der Branche auf sich aufmerksam macht. Über eine halbe Million produzierter und in aller Welt genutzter Fahrzeuge aus Ludwigsfelde sind die Garantie für den Erfolg der neuen Großserie. Mit zeitgemäßen Verfahren der Konstruktion und Technologie entstanden neue Baugruppen, die den Anforderungen der 90er Jahre gerecht werden.

Steigen Sie ein!

DAS NEUE FAHRGESTELL

verbindet mit dem verwindungsweichen Leiterrahmen die Hauptaggregate des IFA-L60 zur Basis für ein vielfältiges Aufbautenprogramm

LE NOUVEAU CHASSIS

avec son cadre élastique lie les organes principaux du camion et sert de base pour les multiples superstructures.

IFA L60

DER NEUE MOTOR

hat mit 180 bzw. 230 PS Kraft, wo sie gebraucht wird

DAS NEUE GETRIEBE

meistert mit 8 synchronisierten Vorwärtsgängen und einem Kriechgang alle Situationen

LE NOUVEAU MOTEUR

offre 180 ou 230 ch pour remplir toute tâche.

LA NOUVELLE BOITE DE VITESSES

maîtrise toute situation grâce à ses 8 rapports synchronisés AV et 1 rapport extra-lent.

DIE NEUEN ACHSEN

bestimmen in Planetenausführung mit Differentialsperren die hohe Lebensdauer des Fahrzeuges

DIE NEUE BREMSANLAGE

schafft mit 2 hydraulisch-pneumatischen Bremskreisen aktive Sicherheit

Der für den Verkaufsstart erstellte Prospekt gab großzügige Einblicke in die neue Technik des Ludwigsfelder 6-Tonners.

Bremsen
Hydraulisch betätigte, pneumatisch unterstützte Zweikreisbremsanlage; automatisch lastabhängige Bremskraftregulierung im Hinterachsbremskreis; Feststellbremse als pneumatisch angesteuerte Federspeicherbremse, mechanisch auf die Hinterräder

Äußerlich hatte sich am neuen L 60 gegenüber dem Vorgänger wenig geändert; immerhin konnte aber nun das Fahrerhaus nach vorn geklappt werden und der Innenraum bot mehr Komfort.

An den Start gingen zunächst nur Allradfahrzeuge, als Erstes wieder das Pritschenfahrzeug.

Der Pritschenaufbau war beim L 60 nur noch aus Stahlblech gefertigt, Holz blieb dem weiter in Produktion befindlichen W 50 vorbehalten. (Foto: Mike Jentsch, © CC-BY 2.0)

… und die Tankfahrzeuge für Wasser und brennbare Flüssigkeiten. Selbstverständliche alle tropentauglich!

Zum Startprogramm gehörte außerdem der Kofferaufbau …

Der Dreiseitenkipper folgte drei Monate später nach, allerdings vorerst nur in der Allradversion.

Den L 60 mit Kofferaufbau gab es bis 1989 nur mit Allrad- und dann auch mit Heckantrieb.

4 x 2 stand für den Heckantrieb, der erst im Laufe des Jahres 1989 realisiert werden konnte.

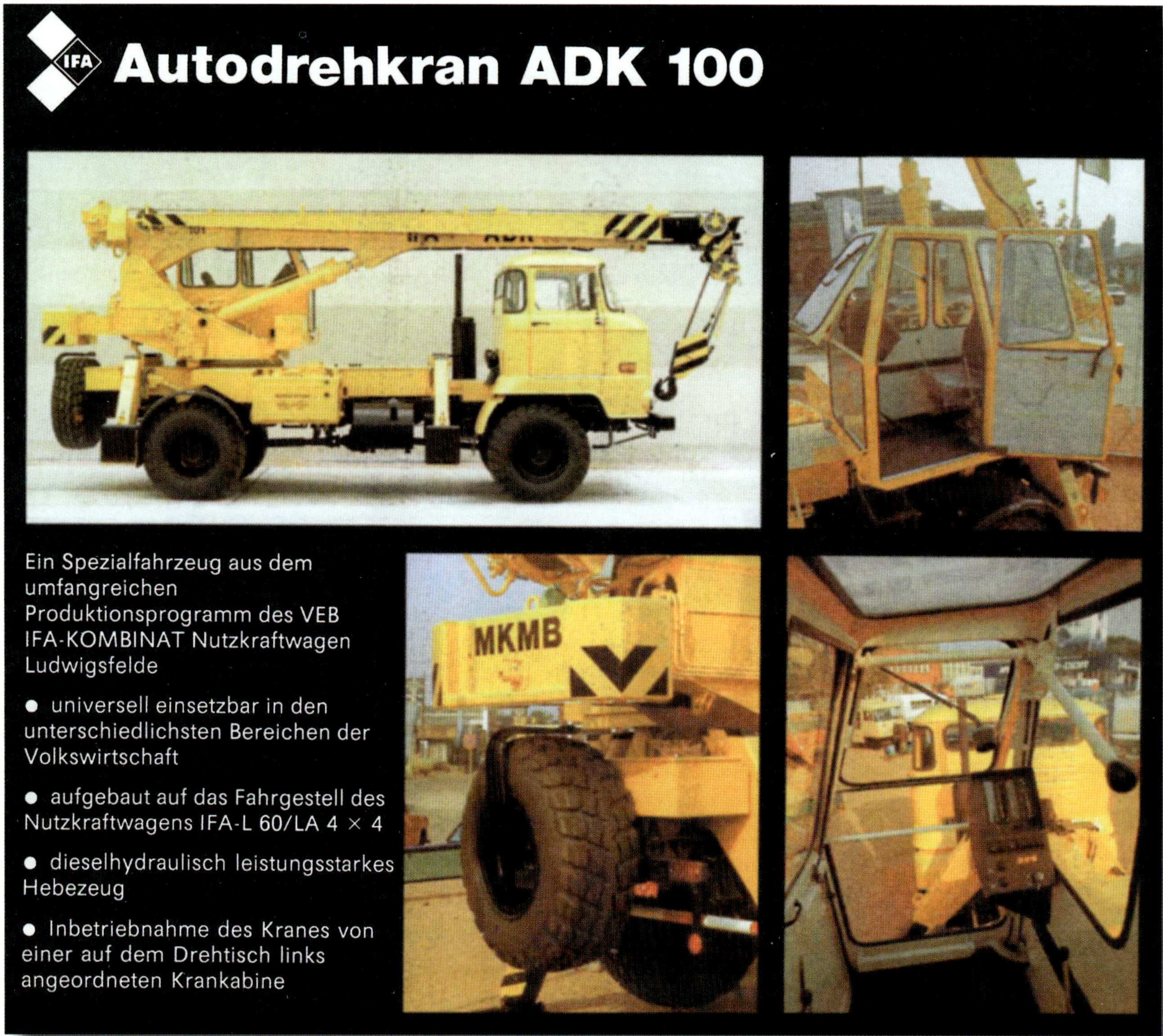

Der 10-Tonnen-Autodrehkran hatte eine separate Kabine zur Bedienung der Kranfunktionen.

Zur Leipziger Herbstmesse 1989 schmiedeten die Genossen des IFA-Kombinats Nutzkraftwagen, dessen Sitz in Ludwigsfelde war, große Zukunftspläne, die sich schon zwei Monate später in Schall und Rauch aufzulösen begannen. Die Messe sollte den Export des L60 forcieren, da die Exportkunden den höheren Preis gegenüber dem W 50 nicht akzeptieren wollten.

Obgleich Mitte 1990, nachdem Mercedes-Benz Interesse angemeldet hatte – unter anderem am Standort Ludwigsfelde –, die Euphorie zunächst keine Grenzen kannte. Man träumte vom L 60 mit modernem Mercedes-Fahrerhaus, nicht sehend, dass zwar die Technik des letzten DDR-LKW nicht so schlecht war, seine Produktionseinrichtungen sich aber zumeist (Ausnahmen bildeten die Lackieranlagen und die Schmiede) in hoffnungslos verschlissenem Zustand befanden. Das galt zum überwiegenden Teil auch für die zur Stadt (manche meinten »Hüttenkombinat«) angewachsenen Werksanlagen bei Ludwigsfelde. Die Mercedes-Benz AG pickte sich die noch besten Brocken heraus (unter anderem die 1964 entstandene große Halle) und ließ Ende 1990, nach genau 593.596 LKW W 50 und L 60 die DDR-Fertigung aus-, und wenige Monate später die Mercedes-Benz-LKW-Fertigung (Baureihe LN 2) anlaufen.

Die Pressenstraße in der Halle 142 übernahm damals Thyssen-Krupp.

Vom leistungsfähigsten Autodrehkran aus DDR-Produktion entstanden nur wenige Exemplare.

Als der L 60 bei der NVA in Dienst gestellt wurde, war beiden nur noch wenig Zeit beschieden.
(Foto: Ralf Weinreich)

Um dem internationalen Standard zumindest etwas Tribut zu zollen, wurde die Fahrerkabine wenigstens kippbar gestaltet. (Foto: Ralf Weinreich)

Relativ viele L 60 mit Kofferaufbauten entstanden für die NVA. Mit dem Sechszylinder-Dieselmotor war der neue DDR-LKW wesentlich besser für militärische Zwecke geeignet als sein Vorgänger.
(Fotos: Torsten Mave, © CC-BY 2.0; Alf van Beem, © CCO)

1989/90 entstanden noch weitere Aufbauvarianten für den L 60, wie dieser Schwerhäckselaufbau. (Foto: Ralf Weinreich)

Oder die Pritsche mit Ladekran. (Foto: Ralf Weinreich)

Ein Muldenkipper auf einem L 60-Fahrgestell ist eine absolute Rarität. Dieses Fahrzeug ist vom jahrzehntelangen Einsatz in Vietnam schwer gezeichnet. (Foto: Uwe Aranas, © CC-BY-SA 3.0)

Der L 60 wurde versuchsweise mit einem Fahrerhaus von Mercedes Benz bestückt, eine Serienproduktion gab es jedoch nicht. (Fotos: Digitoxin, © CC-BY 2.0)

Nach der politischen Wende in der DDR freute sich nicht nur das Technische Hilfswerk über die noch lange zuverlässig einsatzbereiten Laster aus Ludwigsfelde. (Fotos: Ralf Weinreich)

Technische Daten

(Foto: Ralf Weinreich)

1 Dieselmotor
2 Schaltgetriebe
3 Vorderachse
4 Hinterachse
5 Drehtisch (Plattform)
6 Abstützung
7 Hubwerksantrieb
8 Wippzylinder
9 Grundausleger
10 Teleskopausleger
11 Spitzenausleger
12 Überlastsicherung
13 Hakenflasche
14 Drehwerk
15 Lastmomentsicherung

1 Diesel engine
2 Change-speed gear
3 Front axle
4 Rear axle
5 Slewing table (platform)
6 Outriggers
7 Lifting gear drive
8 Derricking ram
9 Main jib
10 Telescopic jib
11 Fly jib
12 Overload protection
13 Snatchblock
14 Slewing gear
15 Automatic safe load indicator

1 Moteur Diesel
2 Boite de vitesses
3 Essieu avant
4 Essieu arrière
5 Table tournante (plate-forme)
6 Stabilisateur
7 Entraînement de mécanisme de levage
8 Cylindre de basculement
9 Flèche de base
10 Flèche télescopique
11 Rallonge de flèche
12 Limiteur de charge
13 Moufle à crochet
14 Mécanisme tournant
15 Limiteur de couple résistant

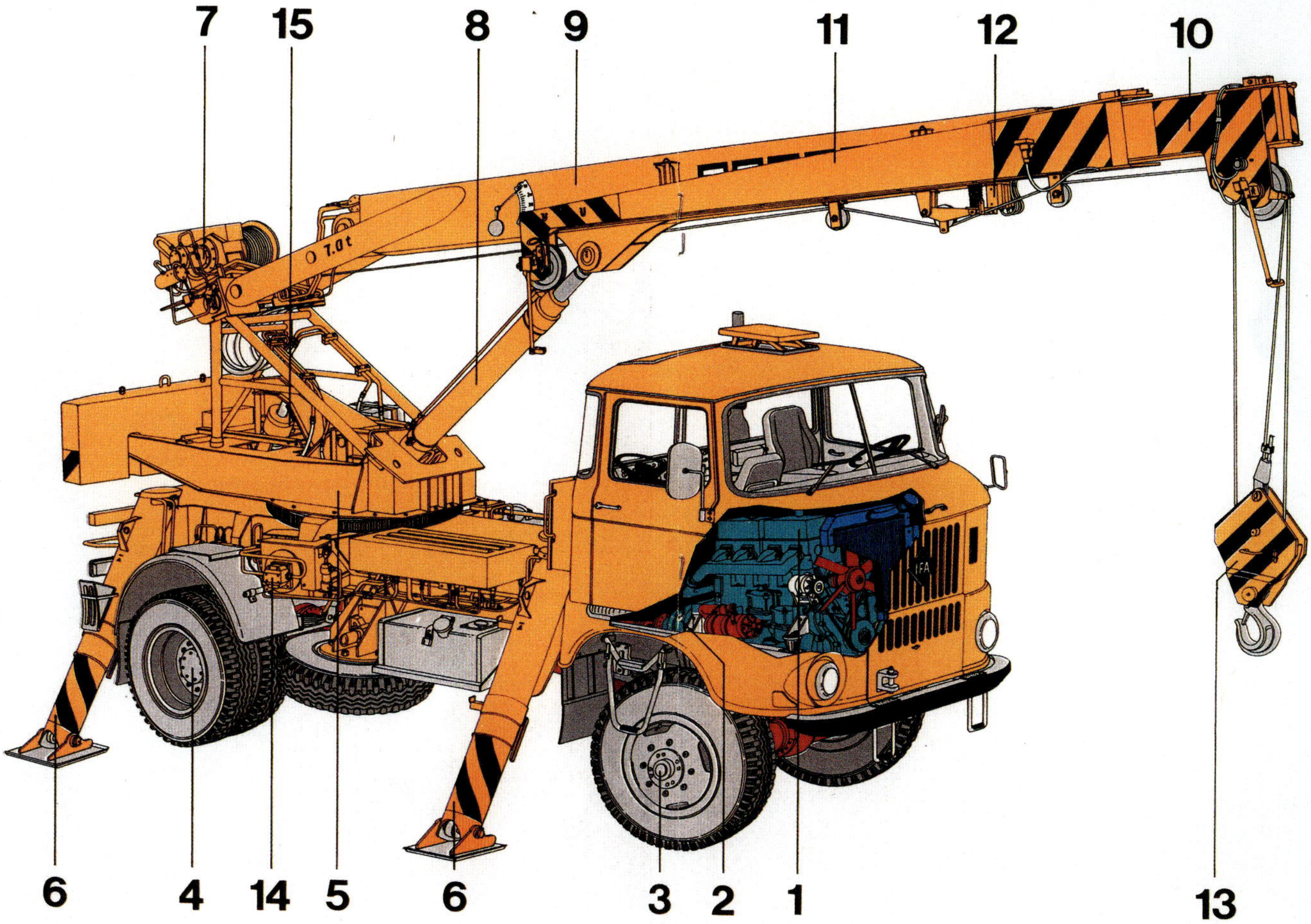

Technische Daten

Typ	IFA W 50 L	IFA L 60	Ikarus 211-51
Bauart	Frontlenker LKW		Omnibus
Motor			
Typ	4 VD 14,5/12 / 4 VD 14,5/12-1 SRW (ab 1967)	6VD 13,5/12 SRF	4 VD 14,5/12-1 SRW
Arbeitsweise	Flüssigkeits-gekühlter Viertakt-Reihen-Dieselmotor		
Zylinderzahl	4	6	4
Bohrung/Hub (mm)	120/145	120/135	120/145
Hubraum (cm3)	6560	9160	6560
Leistung (PS bei U/min)	110/2200 / 125/2300 (ab 1967)	180/2300	125/2300
Drehmoment (mkg bei U/min)	39,2/1400 / 42,2/1350 (ab 1967)	63,4/1250	42,2/1350
Kraftübertragung			
Antrieb	Hinterachse (ab 1967 wahlweise Allrad)	Allrad (ab 1989 wahlweise Hinterachse)	Hinterachse
Kupplung	Einscheiben-Trockenkupplung		
Getriebe	teilsynchronisiertes Fünfganggetriebe	synchronisiertes Achtgang-getriebe mit Kriechgang	teilsynchronisiertes Fünfganggetriebe
Fahrwerk			
Rahmen	Fischbauch-Profil-Leiterrahmen	Rasterrahmen	selbsttragende Karosserie
Achsen vorn/hinten	Starrachse (Faustachse) vorn und hinten		
Federung vorn/hinten	Halbelliptik-Blattfedern, Zusatzfederung hinten		
Dämpfung vorn/hinten	Teleskopdämpfer	Schwingungsdämpfer	Teleskopdämpfer
Bereifung vorn/hinten	8,25-20/8,25-20 doppelt (ab 1969 wahlweise 16-20/16-20	9.00-20/9.00-20 doppelt (wahlweise 16-20/16-20)	8.25-20/8.25-20 doppelt
Allgemeine Daten			
Länge/Breite/Höhe (mm)	6350/2500/2600 (Oberkante Dach)	6640/2500/2830	8500/2500/3000
Radstand (mm)	3200 (ab 1967 wahlweise 3700)	3200 (ab 1988 wahlweise 3800)	4030
Leermasse (kg)	4500 (Pritsche)	6400 (Allrad-Pritsche)	6950
Nutzmasse (kg)	5300 (Pritsche)	6000 (Pritsche)	6950
V max. (km/h)	83 (ab 1967 90)	92	87
Bauzeit	1965–1990	1986–1990	1976–1989
Stückzahl	571.800	21.796	ca. 1000 für DDR

Produktionszahlen IFA W50	
Jahr	**Stück**
1965	855
1966	5.775
1967	10.564
1968	14.785
1969	16.953
1970	17.966
1971	18.800
1972	19.800
1973	21.623
1974	23.220
1975	23.900
1976	24.940
1977	26.278
1978	26.653
1979	26.800
1980	27.001
1981	28.201
1982	29.004
1983	28.101
1984	30.300
1985	32.294
1986	32.516
1987	29.606
1988	22.478
1989	20.071
1990	13.405

Produktionszahlen IFA L60	
Jahr	**Stück**
1987	1.734
1988	6.604
1989	8.081
1990	3.870

Exportzahlen W 50/L60 (25 Top-Exportländer)	
Land	**Stück**
Ungarn	98.000
Irak	72.209
China	69.337
Sowjetunion	49.311
CSSR	27.501
Vietnam	19.202
Bulgarien	16.660
Angola	13.189
Iran	11.057
Polen	9.741
Ägypten	4.327
Nikaragua	4.233
Kuba	3.364
Mosambik	2.960
Äthiopien	2.500
Sambia	2.434
Albanien	1.392
Jugoslawien	1.270
VDR Jemen	1.099
Nordkorea	898
Kolumbien	709
Madagaskar	706
Guyana	644
Kambodscha	517
Uganda	406

Kraftfahrzeugtechnik 9/87
KFT
VEB VERLAG TECHNIK
BERLIN
ISSN 0023 - 4419
EVP 1.– M
Neuentwicklung IFA L 60
60 Jahre Transporterbau
FSO-Weiterentwicklung
Kurztest Fiat Uno
Instandhaltung Dacia
IFA
L60
4×4
Basis für
Variantenvielfalt
IFA mobile DDR
IFA mobile-DDR

Gnadenbrot für altes Eisen

(Foto: Ralf Weinreich)

Ein Lastwagen ist ein sehr komplexes Fahrzeug und für ein hartes und langes Arbeitsleben konzipiert und gebaut. Danach gibt es in so ziemlich allen Fällen keine Gnade – dann wartet der Hochofen.

Ein Lasterleben in der DDR war noch eine ganz andere Sache. Wie bei so vielen anderen Dingen herrschte auch bei Nutzfahrzeugen chronischer Mangel. Die Deckung des Bedarfs der Kraftverkehrsbetriebe erfolgte nach dem Zuteilungsprinzip. Je wichtiger ein VEB schien oder war, desto eher konnte er auf ein Neufahrzeug hoffen. Aber auch erst nachdem NVA und andere staatliche Organe versorgt waren. Ganz am Ende der Lieferkette standen die doch recht zahlreichen privaten Fuhrunternehmen, die zwar einen beachtlichen Teil der staatlichen Versorgungsaufträge erledigten, aber so gut wie nie die Chance hatten an ein Neufahrzeug zu gelangen. Für sie blieben eigentlich nur die von den volkseigenen Betrieben ausgesonderten, und längst dem Schrott geweihten LKW. Und es ist auch heute immer noch erstaunlich mit viel Erfindergeist und einer gehörigen Portion Schlitzohrigkeit das alte Blech dort am Leben gehalten wurde. Auf die Art und Weise sind uns viele der alten Laster bis zum heutigen Tag als Oldtimer erhalten geblieben – gewissermaßen als Ausgeburt des Mangels in der DDR.

Einen anderen Weg der Nachwelt Nutzfahrzeuge aus vergangenen Zeiten zu erhalten, gehen – mit Verlaub – zumeist Männer, die Unmengen an Zeit, Arbeit und finanziellen Mitteln investieren, um ihre ganz persönliche Erinnerungen zu bewahren. Meist geht das so, dass der Vater oder ein anderer naher Verwandter LKW-Fahrer war, und den Kleinen mit auf die eine oder andere Tour mitgenommen hat. Tja und dieses Erlebnis war dann so prägend, dass irgendwann einmal genau so ein Laster in 1:1 her muss. Diesem Gedanken folgen dann ein paar entbehrungsreiche Jahre – nicht zuletzt für die Familie – bis dann am Ende dieser Bemühungen ein eigener historischer LKW auf dem Hof steht.

Darüber soll auf den folgenden Seiten berichtet werden.

Text: Ralf Weinreich

Alt aber bezahlt

Die 50 hat er nicht geschafft – der IFA W 50 L/KC der halleschen Firma Seidensticker. Aber 44 Jahre sind ja auch ein nahezu biblisches Alter für einen LKW. Während die meisten ehemaligen DDR-Firmen Anfang der 90er Jahre ihre mehr oder weniger gepflegten Laster nicht schnell genug loswerden konnte, dachte die Seidenstickers anders über den Fall. Das kleine Familienunternehmen versorgte seit ewigen Zeiten die hallesche Bevölkerung mit Brennmaterialien aller Art. Ein Teil des Geschäftes war der Handel mit Schrott, was sich bis heute nicht geändert hat. Jeder weiß, dass nur sauber getrennter Schrott vernünftiges Geld bringt. Also muss er sortiert werden, wozu sich die alten DDR-Schrottcontainer bestens eignen. Diese zeichnen sich vor allen Dingen durch eine große Grundfläche aus. Die Abrollbehälter gab es in zahlreichen Varianten, mit hohen und flachen Bordwänden, mit und ohne Deckel. Und um diese zu transportieren brauchte es ein geeignetes Transportfahrzeug. Genau genommen bilden LKW und Behälter ein eigenständiges

System, dass es in dieser Art nur in der DDR gegeben hat. Die Abrollcontainer verfügten über eigene Stahlrollen die auf Schienen mittels einer Seilwinde auf den LKW gezogen wurden. Dieser Vorgang dauerte deutlich länger als vergleichbare Systeme mit Ketten oder hydraulischen Haken. Sicher hätten die DDR-Experten ähnliches entwickeln können – das Problem waren die fehlenden entsprechend großen hydraulischen Systeme. Und für so etwas Devisen auszugeben kam nicht in Frage!

Schließlich brauchten die Genossen vom Politbüro schwedische Dienstwagen…

So entwickelte der »VEB (K) Rationalisierung der ÖVW Dessau« das hier vorgestellte System mit dem was man so hatte. Da ja Zeit nicht unbedingt eine wichtige Rolle spielte, machte es auch nichts, wenn der Behälterwechsel etwas länger dauerte. Die Betriebe waren ja froh überhaupt solch ein Fahrzeug zu bekommen.

Unser grünes Ungeheuer verließ das Werk in Dessau am 6. März 1974. Leider lässt sich heute nicht mehr sagen wer der glückliche Erstbesitzer war. Die Fa. Seidensticker war es ganz sicher nicht! Ein neuer LKW für einen Privatbetrieb – das war undenkbar. Und nach der Wende, als die Beschaffung neuer LKW kein Thema mehr waren, siegte die Vernunft. Warum sollte man für einen Laster, der gewissermaßen nur sporadisch im Nahverkehr unterwegs sein würde, mehr Geld ausgeben als unbedingt nötig? Der W 50 konnte in der eigenen Werkstatt problemlos gewartet werden. Selbst ein anstehender Motorwechsel konnte – gewissermaßen – mit »Bordmitteln« erledigt werden. Auch die Absetzbehälter gab es nach der Wende für'n Appel und 'n Ei, da ja die meisten Transportfahrzeuge längst den Weg eines Jeden gegangen waren.

So konnte man bis ins Jahr 2018, einen der wenigen verblieben IFA W 50 L/KC bei der Arbeit beobachten. Doch dann ging er auch den Weg allen alten Eisens.

Auch noch lange Zeit nach der Wende gehörte der gartenzaungrüne Abrollkipper zum halleschen Straßenbild. (Text und Fotos: Ralf Weinreich)

VEB HANDELSTRANSPORT GERA
IFA
W50L
NG 38-75

Der Duft der großen weiten Welt

Die »Forum Handelsgesellschaft mbH«, also ein staatliches Unternehmen, welchem die »Intershops« unterstanden unterhielt drei große Lager in der DDR, die für Nachschub sorgten. Bekanntermaßen wurde ja diverse Konsumgüter, die nur für harte Währung zu haben waren, in der DDR hergestellt, mussten also nicht erst aus der Bundesrepublik herangeschafft werden.

Für den Transport nicht etwa die »Deutrans« zuständig – dafür waren die Mengen zu gering – nein die Handelstransportbetriebe der einzelnen Bezirke erfüllten diesen verführerischen Job. So unterhielt der »VEB Handelstransport Gera« eine Flotte von ca. 12 IFA W 50 um vom Lager Ronneburg den südlichen Teil der DDR beliefern.

Zuweilen waren die Lastzüge auch im grenzüberschreitenden Verkehr nach Westberlin unterwegs, um von dort vornehmlich Spirituosen herbei zu schaffen. Äußerlich unterschieden sich die LKW von ihren Kollegen im »Innendienst«, durch einen stets gepflegten Zustand. Die Fahrer waren sich ihrer »staatstragenden« Aufgabe offenbar stets bewusst.

So auch ein Freund von Christian Bauers Vater, der den jungen Christian aus Gera oft in den Schulferien auf seinen Touren – natürlich nur in der DDR – mitnahm, und ihn dermaßen infizierte, dass er 2006 beschloss, mit tatkräftiger Unterstützung seines Bruders Sebastian, einen solchen Sattelzug neu erstehen zu lassen.

Und damit begannen mehrere aufregende Jahre. Zuerst mußte die Zugmaschine her. Das wurde zu einem recht schwierigen Unterfangen, da werksseitig Sattelzugmaschinen nie mit »großer Hütte« angeboten wurden. Das längere Fahrerhaus war nur für Fahrschulfahrzeuge konzipiert. Also wurden sie

Die Idee war das eine, was dann folgte waren ungezählte Stunden harter Arbeit. (Fotos: Bauer/Weinreich)

Die Zugmaschine war zuerst fertig…

…der Auflieger folgte umgehend.

später von ihren findigen Besitzern entsprechend nachgerüstet.

Lange waren die Brüder auf der Suche nach einem geeigneten Fahrzeug. Sie fanden zwar einen seltenen Kipper mit der gewünschten Kabine. Zugmaschinen- und Kipper-Radstände waren identisch. Nun konnte die eigentliche Restaurierungsaktion beginnen. Das vom harten Einsatz gezeichnete Fahrzeug wurde in seine Bestandteile zerlegt, der Rahmen entrostet, sandgestrahlt und lackiert. Viel aufwendiger gestalteten sich die Arbeiten an der Kabine. Umfangreiche Blecharbeiten waren nötig um alle Schäden zu beheben. Danach folgten die Lackierarbeiten und der Innenausbau. Und irgendwann stand eine Zugmaschine auf ihren sechs Rädern, die allen Vorstellungen der stolzen Besitzer erfüllten.

Fehlte also noch ein passender Auflieger. Den fanden Christian Bauer und sein Bruder Sebastian bei einem Stahlhandel in Plauen.

1973 stellte der VEB Fahrzeugwerk Treuenbrietzen seinen Pritschen-Sattelauflieger HLS 100.02

zum ersten Mal auf der Leipziger Herbstmesse dem interessierten Publikum vor. Mit seinem zulässigen Gesamtgewicht 13,8 Tonnen brachte der für den W 50 konzipierte HLS 100.02 seine Zugmaschine sicher an ihre Leistungsgrenze.

Und was nun folgte war wieder sehr viel unschöne Arbeit (siehe oben). Aber auch das war dann irgendwann vorbei.

Von Anfang an war den beiden Brüdern klar, dass der Lastzug am Ende der Restaurierung so aussehen muss wie zu Zeiten des »VEB Handelstransport Gera«. Und nach nur drei Jahren Bauzeit muss man konstatieren: es ist ihnen gelungen! Verziert mit Radkappen vom Ikarus Bus, dem nach Originalvorlagen beschrifteten Dachspoiler und dem freundlichen Blau der Kabine, wirkt der Sattelzug für Kenner der Nutzfahrzeugszene in der DDR, wie aus einer anderen Welt. Und in diesem Zustand, so versichern Christian und Sebastian Bauer unisono, waren die Lastzüge unterwegs um dem privilegierten DDR-Bürger ein Stück der großen weiten Welt in die »Intershops« zu bringen. Mit diesem eindrucksvollen Sattelzug ist es den Brüdern gelungen, zum einen ein Stück DDR-Nutzfahrzeuggeschichte zu erhalten und zum anderen eine der Merkwürdigkeiten des Lebens im geteilten Deutschland zu dokumentieren.

Text: Ralf Weinreich

Erst die maßgeschneiderte Plane machte aus dem W50-Sattelschlepper einen richtigen Fernlastzug. (Fotos: Christian Bauer, Ralf Weinreich)

WEITERE INTERESSANTE BÜCHER ZUM THEMA

In dieser Neuauflage schildert Ralf Weinreich die ganze Geschichte des DDR-Nutzfahrzeugbaus, von den schwierigen Anfängen nach dem Krieg bis zum Fall der Mauer. Neben den wichtigsten Lastwagenmarken Osteuropas werden dabei auch Westimporte porträtiert.

304 Seiten, 350 Abb., 210 x 242 mm

ISBN 978-3-613-04200-1

€ 24,90 | € (A) 25,60

Die Lastwagen des tschechischen Herstellers Tatra mit ihrem Zentralrohrrahmen gelten als unverwüstlich. Die Autoren beschreiben die schweren Hauber und Frontlenker von Tatra seit 1945, geben Tipps zur Restaurierung und Einblick in die Oldtimer-Szene.

240 Seiten, 300 Abb,. 230 x 265 mm

ISBN 978-3-613-04413-5

€ 39,90 | € (A) 41,10

Dieses Buch widmet sich den Lastwagen und Bussen Osteuropas. Der Schwerpunkt liegt auf der Firmen- und Typenhistorie, besonders während der planwirtschaftlichen Periode. Dargestellt werden auch die Unternehmensgeschichten und der Übergang in die Marktwirtschaft bis in die Gegenwart.

320 Seiten, 650 Abb., 230 x 265 mm

ISBN 978-3-613-04203-2

€ 39,90 | € (A) 41,10

In den 1946 enteigneten Phänomen-Werken in Zittau entstanden ab 1950 wieder Lastwagen, darunter Typen wie der Granit 27, der Garant 30K und später die verschiedensten Robur-Varianten. Frank Rönicke setzt ihnen in diesem wunderbar illustrierten Buch ein Denkmal.

128 Seiten, 160 Abb,. 210 x 280 mm

ISBN 978-3-613-04493-7

€ 24,90 | € (A) 25,60

Leseproben zu allen Titeln auf unserer Internetseite

Stand März 2023
Änderungen in Preis und Lieferfähigkeit vorbehalten.

Überall, wo es Bücher gibt, oder unter
WWW.MOTORBUCH-VERSAND.DE
Service-Hotline: 0711 / 78 99 21 51

Motor buch Verlag

www.facebook.com/MotorbuchVerlag